JN061303

古典力学

力学の基礎

第 2 版

綿引芳之 著

学術研究出版

はじめに

本書は，古典力学の基礎を理論的に解説した入門書である。科学と呼ばれる「自然現象の理解」は理論という形にまとめられる。ところで，一般に，理論は数学と解釈から構成される。つまり，「理論＝数学＋解釈」である。解釈は数学を現実世界に対応させるもので，特に理論が科学の理論ならば，自然は数学そのもの，つまり，「自然＝数学」となる。それゆえ，自然現象は数学的な性質と言えて，自然現象の理解は理論の構築と等価になる。物理は科学の中でも基礎的な分野で，本書で扱う古典力学は物理の基礎になる。

さて，この古典力学だが，高校物理や古典力学の多くの入門書では，「質量」や「力」を曖昧に定義しながら，Newtonの運動3法則を観測事実に基づいて説明している。物理が科学の一分野であることを考えれば，観測事実に基づく説明は自然なことなのだが，Newtonの運動3法則に関する理論的な議論は避けられている。このような事態になってしまうのは，「質量」や「力」の定義を曖昧にしたことが原因で，ここを明確にしなければ，理論的な議論に踏み込むことはできない。本書では「質量」や「力」の定義を曖昧にせず，Newtonの運動3法則の理論的な議論に踏み込む。手法としては，現代物理学ではかなり昔から主流になっている「対称性」を軸にして議論を進めてゆく。

本書は高校物理を前提としないが，高校数学，および，大学1年次で習う数学(微積分と線形代数)の基礎を前提としている。ただし，高校数学は，微積分の基礎，特に，区分求積を理解していれば十分で，大学1年次で習う数学は，全て学習してから本書を読み始める必要はなく，本書を読みながら学習すれば十分である。むしろ，本書では，これらよりも論理的な思考能力が重要になる。本書は大学等の受験や物理学以外の分野を意識して書かれてはいないが，本書で展開される論理的な思考は，理系ならどんな分野でも役立つことは間違いないと信ずるものである。

綿引芳之

目次

- 本書は，章，節，項，目から構成されている。目次に，章，節，項の題目の一覧をまとめた。一部の題目には「※」が付けられているが，これは読み飛ばしても支障がないという意味で，難易度が高いという意味ではない。
- 演習問題の添え字（たとえば，問 1^{A} のように表記された文字 A のこと。）は，演習問題の難易度を表しており，それぞれのレベルの目安は，

  A 少し易しい

  B 少し難しい

  C 難しい

  となっている。
- 演習問題を解くときに注意してほしいことがある。

  入試問題では，解答に必要な記号や条件は全て問題文中に用意されている。しかし，実際の研究では，問題文中に定義されていなくても，記号や条件を新たに定義する必要が生じることはよく起きる。本書の演習問題を解くときも，同じように考えてほしい。

  入試問題は公式や法則に当てはめて解くという「パターン認識」の方法で解決することが多く，制限時間内に解かなければならないため，曖昧な理解のまま躊躇なく問題を解きがちである。しかも，受験勉強自体がかなりの負担になっているため，必要最小限の労力で正解に辿り着く効率主義が美徳とされる傾向が強い。しかし，実際の研究では，厳密な制限時間はなく，誰も正解を知らないので，正解がわかっている問題で成立する「パターン認識」が武器になるはずはなく，曖昧な理解は許されないため試行錯誤は欠かせない。しかも，答えに辿り着いたとしても，それが正解かどうかは誰も知らず，自力で判断するしかない。ここで必要になるのは，論理的な思考力と試行錯誤で得られた経験だけ。しっかりした理解を心掛け，試行錯誤を経験しながらも，既成概念に囚われない自由な発想で演習問題に取り組んでほしい。

第 1 章

物体の運動

一つ，あるいは，複数の物体が，ある限定された空間の中に集められた集合を「系」といい，[*1] 物体同士が影響を及ぼし合うことを「相互作用」という。特に，系を構成する物体が系の外の物体と相互作用しない系を「孤立系」という。系の物体は，位置だけでなく，様々な大きさや形を持ち，時間の経過とともに位置や大きさや形を変化させ，ときには衝突や散乱，分裂や融合をする。物体のこのような時間変化を「物体の運動」といい，系の時間変化を「系の時間発展」という。力学の目的は，物体の運動や系の時間発展を調べ，これらを決める「物理法則」を知ることにある。特に，本書では，系の時間発展に確率を持ち込まない力学，いわゆる，「古典力学」を扱う。[*2]

いろいろな大きさや形を持つ複数の物体から構成される系の時間発展を理解するには，単純な記述を可能にする観点が必要である。そこで，次の仮定をしよう。

全ての物体は，多数の点粒子から構成される集合体で，
点粒子の間には何もない空間が広がる。 (1.1)

ただし，

点粒子は，観測できないほど小さく，向きを持たない。 (1.2)

とする。[*3] また，連続的な物体，いわゆる「連続体」は，点粒子が有理数のように稠密に集まった物体と考える。[*4] このような仮定をすると，系の時間発展を理解

[*1] 座標系の系とは異なるので，注意されたい。座標系の系は座標の集合という意味だが，ここで定義した系は物体の集合という意味である。

[*2] 系の時間発展に確率を持ち込む力学である「量子力学」は，本書では扱わない。

[*3] 「古典力学」が成り立つ範囲では，この仮定に反する粒子は観測されていない。

[*4] 点粒子同士を結び付けるものの正体と仕組みは「古典力学」では解決できないので，この問題は本書では問わない。（この問題は「場の量子論」で解決される。）

するという問題は少し単純になり，点粒子の運動が理解できれば，あらゆる大きさや形を持つ物体の運動が理解できるようになる。そこで，第4章を除く議論では，特に断らない限り，点粒子だけを考える。第4章では，大きさや形を持つが，それらを変えることがない「剛体」とよばれる連続体の運動を調べる。ところで，物体が運動する空間は，特に断らない限り，3次元Euclid空間 $\mathbb{R}^3$ とする。

1.1　運動方程式

物体の運動や系の時間発展を記述する式を「運動方程式」という。本節では，運動方程式の定義と基本的な性質について議論しよう。

1.1.1　位置と速度と加速度

最初に，最も簡単な場合として，3次元Euclid空間 $\mathbb{R}^3$ の中を1つの点粒子が運動する系について考えよう。この場合の運動とは，点粒子の位置が時間変化することである。そこで，時刻 t $[t \in \mathbb{R}]$ における点粒子の位置を，3次元実ベクトル

$$\boldsymbol{x}(t) = \begin{pmatrix} x(t) \\ y(t) \\ z(t) \end{pmatrix} \tag{1.3}$$

によって表し,[*5] この時間変化を調べることにしよう。3次元実ベクトル $\boldsymbol{x}(t)$ の各成分，$x(t)$，$y(t)$，$z(t)$ はいずれも変数 t の実関数で，任意の時刻 t において $\boldsymbol{x}(t) \in \mathbb{R}^3$ である。[*6]

もし，任意の時刻 t における位置 $\boldsymbol{x}(t)$ を知っているのなら，位置の時間発展に関して言えば，既に全ての情報を持っており，それ以上を知る必要はない。では，任意の時刻 t の位置 $\boldsymbol{x}(t)$ を知らない場合，位置の時間発展をどのように知ればよいだろうか？ たとえば，ある特定の時刻 $t = t_0$ の位置 $\boldsymbol{x}(t_0)$ だけを知っているような状況である。[*7] これだけの情報から，時刻 $t = t_0$ 以後の任意の時刻 t における位置 $\boldsymbol{x}(t)$ を知るためには，たとえば，時刻 t から微小な時間 Δt だけ経過したときの位置 $\boldsymbol{x}(t + \Delta t)$ を，位置 $\boldsymbol{x}(t)$ から一意的に決定できる方法があればよ

[*5] 位置 $\boldsymbol{x}(t)$ は点粒子の運動に関する全ての情報を持っている。
[*6] 「時刻」は時間軸上のある値という意味で使うが，「時間」も同じ意味で使うこともあり，これらの使い分けに厳密性はなく，適当である。
[*7] $\boldsymbol{x}(t_0)$ のような時間発展の開始時刻 t_0 に関する情報を「初期条件」という。

い。これを繰り返し使えば，任意の時刻 t の位置 $\boldsymbol{x}(t)$ を求めることができるからである。そこで，「位置 $\boldsymbol{x}(t+\Delta t)$ は，ある3次元実ベクトル

$$\boldsymbol{v}(t) \;=\; \begin{pmatrix} v_x(t) \\ v_y(t) \\ v_z(t) \end{pmatrix} \tag{1.4}$$

を使って，

$$\boldsymbol{x}(t+\Delta t) \;=\; \boldsymbol{x}(t) \,+\, \boldsymbol{v}(t)\Delta t \tag{1.5}$$

によって決定できる。」と仮定しよう。[*8] 時刻が Δt だけ経過すると，点粒子の位置は $\boldsymbol{x}(t)$ から $\boldsymbol{x}(t+\Delta t)$ へ移動するが，経過時間 Δt が微小であれば，移動量 $\boldsymbol{x}(t+\Delta t)-\boldsymbol{x}(t)$ も微小になる。ここではこれを踏まえて，「時刻が Δt だけ経過したときの点粒子の移動量は Δt に比例する。」と仮定するのである。$\boldsymbol{v}(t)$ は，単位時間あたりの点粒子の移動量を表しており，これを時刻 t における点粒子の「速度」という。[*9] $\boldsymbol{x}(t)$ と同様，3次元実ベクトル $\boldsymbol{v}(t)$ の各成分，$v_x(t)$，$v_y(t)$，$v_z(t)$ はいずれも変数 t の実関数で，任意の時刻 t において $\boldsymbol{v}(t) \in \mathbb{R}^3$ である。Δt は微小な時間であり，理想を言えば，無限小の時間である。[*10] (1.5) は速度 $\boldsymbol{v}(t)$ の等速度運動を記述するため，Δt を微小とは言えない大きさにしてしまうと，速度が変化する運動が記述できなくなるからである。[*11]

Δt を無限小としたいので，式 (1.5) を

$$\boldsymbol{x}(t+\Delta t) \,-\, \boldsymbol{x}(t) \;=\; \boldsymbol{v}(t)\Delta t \tag{1.6}$$

と変形し，両辺を Δt で割って $\Delta t \to 0$ の極限を取る。すると，微分の定義より，

$$\dot{\boldsymbol{x}}(t) \;=\; \boldsymbol{v}(t) \tag{1.7}$$

を得る。[*12] この結果から，仮定 (1.5) は「位置 $\boldsymbol{x}(t)$ は時刻 t について微分可能で

[*8] これを成分で表すと，次のようになる。

$$x(t+\Delta t) = x(t) + v_x(t)\Delta t \quad y(t+\Delta t) = y(t) + v_y(t)\Delta t \quad z(t+\Delta t) = z(t) + v_z(t)\Delta t$$

[*9] 速度の絶対値を「速さ」といい，物理では速度と速さは区別して使う。

[*10] 無限小とは，限りなく零に近い零でない数で，「無限小 $=1/$無限大」と考えることもできる。

[*11] 時間を微小な Δt で刻むことで，時間変化する速度を位置の変化に反映するのである。

[*12] ドット ($\dot{}$) は時刻 t に関する微分 $\frac{\mathrm{d}}{\mathrm{d}t}$ と約束する。(1.7) を成分で表すと，次のようになる。

$$\dot{x}(t) \;=\; v_x(t) \qquad \dot{y}(t) \;=\; v_y(t) \qquad \dot{z}(t) \;=\; v_z(t) \tag{1.8}$$

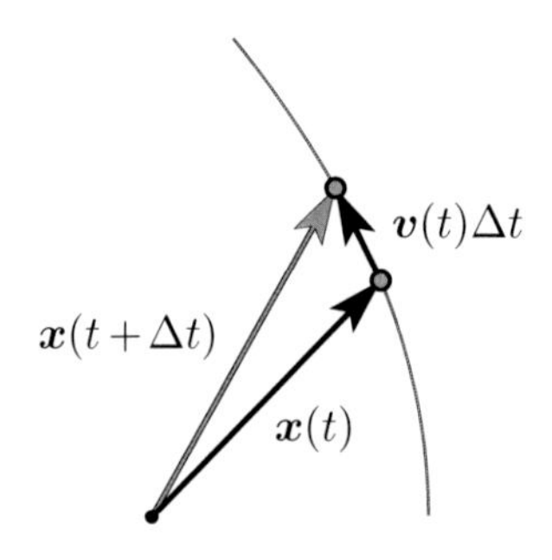

図 1.1 点粒子の運動の軌跡と式 (1.5)

ある。」とする仮定と等価であることがわかる。[*13] (1.7) では，(1.5) で必要だった「Δt は微小な時間である。」というただし書きが不要になったことにも注目しよう。[*14]

任意の時刻 t における位置 $\boldsymbol{x}(t)$ は，(1.5) を繰り返し使うと，

$$\boldsymbol{x}(t) \;=\; \boldsymbol{x}(t_0) + \sum_{i=0}^{n-1} \boldsymbol{v}(t_0+i\Delta t)\Delta t \qquad [\,t=t_0+n\Delta t\,] \tag{1.9}$$

を得る。そして，さらに，$\Delta t \to 0$ の極限を取ると，区分求積により，

$$\boldsymbol{x}(t) \;=\; \boldsymbol{x}(t_0) + \int_{t_0}^{t} \mathrm{d}t' \boldsymbol{v}(t') \tag{1.10}$$

を得る。[*15] こうして，ある時刻 $t=t_0$ の位置 $\boldsymbol{x}(t_0)$ に加え，任意の時刻 t の速度 $\boldsymbol{v}(t)$ が与えられたときは，任意の時刻 t における位置 $\boldsymbol{x}(t)$ が一意的に決定できるようになった。しかし，今度は，「任意の時刻 t における速度 $\boldsymbol{v}(t)$ を決定しなければならない。」という新たな問題が生じてしまった。これでは位置 $\boldsymbol{x}(t)$ を知る問題が速度 $\boldsymbol{v}(t)$ を知る問題にすり替わっただけで，点粒子の運動の理解という意味では本質的には何も前進していない。この問題については次の 1.1.2 項で触れることにして，位置や速度などの物理的な意味を理解するため，本項では少し様子を見ることにしよう。

[*13] (1.7) は，速度 $\boldsymbol{v}(t)$ の定義を与えているだけでなく，位置 $\boldsymbol{x}(t)$ が時刻 t について微分可能であることも意味している。

[*14] これは微分の有用性である。

[*15] 初期条件である $\boldsymbol{x}(t_0)$ が積分定数になっていることにも注目しよう。

今度は任意の時刻tにおける速度$\boldsymbol{v}(t)$を決定するのだが，時刻tから微小な時間Δtが経過したときの点粒子の速度$\boldsymbol{v}(t+\Delta t)$を，速度$\boldsymbol{v}(t)$から一意的に決定できる方法があればよい。そこで，位置$\boldsymbol{x}(t)$のときと同様に，「速度$\boldsymbol{v}(t+\Delta t)$は，ある3次元実ベクトル

$$\boldsymbol{a}(t) = \begin{pmatrix} a_x(t) \\ a_y(t) \\ a_z(t) \end{pmatrix} \tag{1.11}$$

を使って，

$$\boldsymbol{v}(t+\Delta t) = \boldsymbol{v}(t) + \boldsymbol{a}(t)\Delta t \tag{1.12}$$

によって決定できる。」と仮定しよう。$\boldsymbol{a}(t)$は，単位時間あたりの点粒子の速度の変化量を表しており，これを時刻tにおける点粒子の「加速度」という。$\boldsymbol{x}(t)$や$\boldsymbol{v}(t)$と同様，3次元実ベクトル$\boldsymbol{a}(t)$の各成分，$a_x(t)$，$a_y(t)$，$a_z(t)$はいずれも変数tの実関数で，任意の時刻tにおいて$\boldsymbol{a}(t) \in \mathbb{R}^3$である。$\Delta t$は微小な時間であり，理想を言えば，無限小の時間である。(1.12)は加速度$\boldsymbol{a}(t)$の等加速度運動を記述するため，Δtを微小とは言えない大きさにしてしまうと，加速度が変化する運動が記述できなくなるからである。*16

Δtを無限小としたいので，式(1.12)を，位置のときと同様に

$$\boldsymbol{v}(t+\Delta t) - \boldsymbol{v}(t) = \boldsymbol{a}(t)\Delta t \tag{1.13}$$

と変形し，両辺をΔtで割って$\Delta t \to 0$の極限を取る。すると，微分の定義より，

$$\dot{\boldsymbol{v}}(t) = \boldsymbol{a}(t) \tag{1.14}$$

を得る。この結果から，仮定(1.12)は「速度$\boldsymbol{v}(t)$は時刻tについて微分可能である。」とする仮定と等価であることがわかる。*17 (1.14)では，(1.7)のときと同様，(1.12)で必要だった「Δtは微小な時間である。」というただし書きが不要になったことにも注目しよう。*18

任意の時刻tにおける速度$\boldsymbol{v}(t)$は，(1.12)を繰り返し使うと，

$$\boldsymbol{v}(t) = \boldsymbol{v}(t_0) + \sum_{i=0}^{n-1} \boldsymbol{a}(t_0+i\Delta t)\Delta t \qquad [\,t = t_0 + n\Delta t\,] \tag{1.15}$$

*16 時間を微小なΔtで刻むことで，時間変化する加速度を速度の変化に反映するのである。

*17 (1.14)は，加速度$\boldsymbol{a}(t)$の定義を与えているだけでなく，速度$\boldsymbol{v}(t)$が時刻tについて微分可能であることも意味している。

*18 これは微分の有用性である。

を得る。[19] そして，さらに，$\Delta t \to 0$ の極限を取ると，区分求積により，

$$\boldsymbol{v}(t) \;=\; \boldsymbol{v}(t_0) + \int_{t_0}^{t} \mathrm{d}t' \boldsymbol{a}(t') \tag{1.16}$$

を得る。[20] また，これを (1.10) に代入すると，

$$\boldsymbol{x}(t) \;=\; \boldsymbol{x}(t_0) + (t-t_0)\boldsymbol{v}(t_0) + \int_{t_0}^{t} \mathrm{d}t' \int_{t_0}^{t'} \mathrm{d}t'' \boldsymbol{a}(t'') \tag{1.17}$$

を得る。こうして，ある時刻 $t = t_0$ の位置 $\boldsymbol{x}(t_0)$ と速度 $\boldsymbol{v}(t_0)$ に加え，任意の時刻 t の加速度 $\boldsymbol{a}(t)$ が与えられたときは，任意の時刻 t における位置 $\boldsymbol{x}(t)$ が一意的に決定できるようになった。

加速度の時間変化についても位置や速度と同様の手続きを行うと，「加速度 $\boldsymbol{a}(t+\Delta t)$ は，ある3次元実ベクトル $\boldsymbol{b}(t)$ を使って，

$$\boldsymbol{a}(t+\Delta t) \;=\; \boldsymbol{a}(t) + \boldsymbol{b}(t)\Delta t \tag{1.18}$$

によって決定できる。」という仮定に至る。$\boldsymbol{b}(t)$ は，単位時間あたりの点粒子の加速度の変化量を表しており，これを時刻 t における点粒子の「躍度」という。[21] また，任意の時刻 t における加速度 $\boldsymbol{a}(t)$ は，

$$\boldsymbol{a}(t) \;=\; \boldsymbol{a}(t_0) + \int_{t_0}^{t} \mathrm{d}t' \boldsymbol{b}(t') \tag{1.19}$$

となり，[22] これを (1.17) に代入すると，

$$\boldsymbol{x}(t) \;=\; \boldsymbol{x}(t_0) + (t-t_0)\boldsymbol{v}(t_0) + \frac{(t-t_0)^2}{2}\boldsymbol{a}(t_0) + \int_{t_0}^{t} \mathrm{d}t' \int_{t_0}^{t'} \mathrm{d}t'' \int_{t_0}^{t''} \mathrm{d}t''' \boldsymbol{b}(t''') \tag{1.20}$$

を得る。

以上の手続きでは，位置の時間微分である速度 $\dot{\boldsymbol{x}}(t) = \boldsymbol{v}(t)$，速度の時間微分である加速度 $\ddot{\boldsymbol{x}}(t) = \dot{\boldsymbol{v}}(t) = \boldsymbol{a}(t)$，加速度の時間微分である躍度 $\dddot{\boldsymbol{x}}(t) = \ddot{\boldsymbol{v}}(t) =$

---

[19] $\boldsymbol{v}(t_0)$ も時間発展の開始時刻 t_0 に関する情報なので，$\boldsymbol{x}(t_0)$ と同様，「初期条件」である。

[20] 初期条件である $\boldsymbol{v}(t_0)$ が積分定数になっていることにも注目しよう。

[21] $\boldsymbol{b}$ は「加加速度」とよばれることもあるが，$\boldsymbol{x}$ の位置，$\boldsymbol{v}$ の速度，$\boldsymbol{a}$ の加速度とは異なり，物理の分野ではまれにしか使われない物理量である。

[22] $\boldsymbol{a}(t_0)$ も時間発展の開始時刻 t_0 に関する情報なので，$\boldsymbol{x}(t_0)$ や $\boldsymbol{v}(t_0)$ と同様，「初期条件」である。初期条件である $\boldsymbol{a}(t_0)$ が積分定数になっていることにも注目しよう。

$\dot{\boldsymbol{a}}(t)=\boldsymbol{b}(t)$が現れたが,[*23] さらにこの手続きを何度も繰り返すと，位置$\boldsymbol{x}(t)$の全ての高階導関数 $\frac{\mathrm{d}^n\boldsymbol{x}(t)}{\mathrm{d}t^n}$ $[\,n=1,\,2,\,3,\,\dots\,]$ が現れる。したがって，任意の時刻tにおける位置$\boldsymbol{x}(t)$を知るには，ある時刻t_0の位置$\boldsymbol{x}(t_0)$，および，全ての高階導関数 $\frac{\mathrm{d}^n\boldsymbol{x}(t_0)}{\mathrm{d}t_0^n}$ $[\,n=1,\,2,\,3,\,\dots\,]$ がわかればよいことになる。[*24] これを式で表すと，(1.10)，(1.17)，(1.20)を拡張した式

$$\begin{aligned}\boldsymbol{x}(t) &= \boldsymbol{x}(t_0) + (t-t_0)\frac{\mathrm{d}\boldsymbol{x}(t_0)}{\mathrm{d}t_0} + \frac{(t-t_0)^2}{2}\frac{\mathrm{d}^2\boldsymbol{x}(t_0)}{\mathrm{d}t_0^2} + \dots \\ &\quad + \frac{(t-t_0)^n}{n!}\frac{\mathrm{d}^n\boldsymbol{x}(t_0)}{\mathrm{d}t_0^n} + \dots\end{aligned} \tag{1.21}$$

となるが，これは位置$\boldsymbol{x}(t)$の時間に関するTaylor展開に他ならない。(1.21)の右辺の$(t-t_0)$に関する級数が収束すれば，$\boldsymbol{x}(t_0)$，および，全ての高階導関数 $\frac{\mathrm{d}^n\boldsymbol{x}(t_0)}{\mathrm{d}t_0^n}$ $[\,n=1,\,2,\,3,\,\dots\,]$ から任意の時刻tにおける位置$\boldsymbol{x}(t)$を知ることができるのである。しかし，この方法は，時刻t_0の物理量を無限個知らなければならず，しかも，どんな運動でもTaylor展開という系の物理的な性質とは無関係な形で未来が決定されるため，点粒子の運動，すなわち，物体の運動を決める物理法則を理解する手掛かりを失うという問題がある。[*25]

以上の結果をまとめると，

任意の時刻tにおける$\boldsymbol{x}(t)$

$\Updownarrow$

ある時刻t_0における$\boldsymbol{x}(t_0)$,
および，任意の時刻tにおける$\boldsymbol{v}(t)$

$\Updownarrow$

ある時刻t_0における$\boldsymbol{x}(t_0)$と$\boldsymbol{v}(t_0)$,
および，任意の時刻tにおける$\boldsymbol{a}(t)$

$\Updownarrow$

ある時刻t_0における$\boldsymbol{x}(t_0)$と$\boldsymbol{v}(t_0)$と$\boldsymbol{a}(t_0)$,
および，任意の時刻tにおける$\boldsymbol{b}(t)$

$\Updownarrow$

[*23] ダブルドット ($\ddot{}$) とトリプルドット ($\dddot{}$) は，それぞれ，時刻tに関する微分 $\frac{\mathrm{d}^2}{\mathrm{d}t^2}$，$\frac{\mathrm{d}^3}{\mathrm{d}t^3}$ と約束する。

[*24] この場合の$\boldsymbol{x}(t_0)$と $\frac{\mathrm{d}^n\boldsymbol{x}(t_0)}{\mathrm{d}t_0^n}$ $[\,n=1,\,2,\,3,\,\dots\,]$ は，全て，「初期条件」である。

[*25] この場合は，別の方法で関数の形を縛る原理を探すことになる。

$$\vdots$$
$$\Updownarrow$$
$$\text{ある時刻}\, t_0\, \text{における}\, \boldsymbol{x}(t_0),\, \boldsymbol{v}(t_0),\, \boldsymbol{a}(t_0),\, \boldsymbol{b}(t_0),\, \ldots \tag{1.22}$$

が全て等価になる。1番目の矢印 $\Updownarrow$ の下向きは (1.7) より明らかで，上向きは (1.10) より明らか。2番目の矢印 $\Updownarrow$ の下向きは (1.7)·(1.14) より明らかで，上向きは (1.10)·(1.16)，または，(1.17) より明らか。以下の矢印 $\Updownarrow$ も同様である。

1.1.1項の演習問題

問 1^{A} 時刻 t_0 の点粒子の位置 $\boldsymbol{x}(t_0)$，および，任意の時刻 t の速度 $\boldsymbol{v}(t)$ が与えられた場合において，以下の問いに答えよ。ただし，Δt は微小な時間である。

a) (1.5) を逐次利用し，$\boldsymbol{x}(t_0+\Delta t)$，$\boldsymbol{x}(t_0+2\Delta t)$，$\boldsymbol{x}(t_0+3\Delta t)$ を求めよ。

b) (1.5) を逐次利用し，任意の時刻 $t = t_0+n\Delta t\ [n=1, 2, \ldots]$ の点粒子の位置 $\boldsymbol{x}(t)$ を求めよ。

c) $n\Delta t$ を有限な値に固定しながら $\Delta t \to 0,\ n \to \infty$ としたときの位置 $\boldsymbol{x}(t)$ を求めよ。

d) 「(1.5) は Δt が微小でないときも成り立つ。」とすると，誤った結果を得る。この理由を簡単に説明せよ。

問 2^{A} 時刻 t_0 の点粒子の位置 $\boldsymbol{x}(t_0)$ と速度 $\boldsymbol{v}(t_0)$，および，任意の時刻 t の加速度 $\boldsymbol{a}(t)$ が与えられた場合において，以下の問いに答えよ。ただし，Δt は微小な時間である。

a) (1.5) と (1.12) を逐次利用し，$\boldsymbol{v}(t_0+\Delta t)$，$\boldsymbol{v}(t_0+2\Delta t)$ と $\boldsymbol{x}(t_0+\Delta t)$，$\boldsymbol{x}(t_0+2\Delta t)$，$\boldsymbol{x}(t_0+3\Delta t)$ を求めよ。

b) (1.5) と (1.12) を逐次利用し，任意の時刻 $t = t_0+n\Delta t\ [n=1, 2, \ldots]$ の点粒子の速度 $\boldsymbol{v}(t)$ と位置 $\boldsymbol{x}(t)$ を求めよ。

c) $n\Delta t$ を有限な値に固定しながら $\Delta t \to 0,\ n \to \infty$ としたときの速度 $\boldsymbol{v}(t)$ と位置 $\boldsymbol{x}(t)$ を求めよ。

問 3^{A} 1つの点粒子が，それぞれ，以下の運動をしている。時刻 t の点粒子の位置 $\boldsymbol{x}(t)$ を，それぞれの場合について，書き表せ。ただし，不足する情報については，定数として適宜補うこと。

a) 座標 $\boldsymbol{x}_0$ の位置に静止し続ける点粒子

b) 一定の速度 $\boldsymbol{v}_0$ で運動する点粒子（「等速度運動」，または，「等速直線運動」という。）

c) 一定の加速度 $\boldsymbol{a}_0$ で運動する点粒子（「等加速度運動」という。）

d) 2次元 Euclid 空間 $\mathbb{R}^2$ の原点を中心とする半径 R の円上を，一定の角速度 ω_0 で運動する点粒子（「等速円運動」という。）

問 4[A] 原点を頂点，点粒子が単位時間あたりに描く軌跡を底辺とした三角形の面積を「面積速度」という。ただし，三角形の法線方向をその向きとする。つまり，$\frac{1}{2}\boldsymbol{x}\times\boldsymbol{v}$ である。[*26] 特に，2次元空間ならば，2次元 Cartesian 座標系と2次元極座標系を利用すると，面積速度は，

$$\frac{1}{2}\boldsymbol{x}\times\boldsymbol{v} \;=\; \frac{1}{2}(x\dot{y}-\dot{x}y) \;=\; \frac{1}{2}r^2\dot{\varphi} \tag{1.23}$$

となる。これらのことを説明せよ。

問 5[A] 2次元 Euclid 空間 $\mathbb{R}^2$ の xz 平面内を一定の加速度 $\boldsymbol{a}_0=(0,-g)$ $[\,g>0\,]$ で運動する点粒子がある。この点粒子が，時刻 $t=0$ において位置 $\boldsymbol{x}_0=(0,0)$ から速度 $\boldsymbol{v}_0=(v_0\sin\theta, v_0\cos\theta)$ $[\,v_0>0\,]$ で打ち出された。θ をいろいろな値にしたときの点粒子の運動について以下の問いに答えよ。

a) 点粒子の z 座標が最大となるときの z 座標の値，および，θ を求めよ。

b) 点粒子の x 切片が最大となるときの x 切片の値，および，θ を求めよ。

c) 点粒子が到達可能な領域を求めよ。

1.1.2 運動方程式

手続き (1.22) は永遠に続くため，点粒子の運動を決定することはできない。この手続きは，(1.7)，(1.14) のようにして，時間微分により位置 $\boldsymbol{x}(t)$ から速度 $\boldsymbol{v}(t)$，速度 $\boldsymbol{v}(t)$ から加速度 $\boldsymbol{a}(t)$ と，新たな物理量を次々と定義しているに過ぎないからである。しかも，ある時刻 t_0 の位置 $\boldsymbol{x}(t_0)$，および，高階導関数 $\frac{\mathrm{d}^n\boldsymbol{x}(t_0)}{\mathrm{d}t_0^n}$ $[\,n=1,\,2,\,3,\,\ldots\,]$ を全て知ることは難しく，たとえ知ることができたとしても点粒子の運動を決める物理法則を理解する必要がなくなるという問題が生まれる。位置 $\boldsymbol{x}(t)$ を Taylor 展開の形で表しているだけなので，運動の軌道の正確な関数形を探し出しているに過ぎないからである。しかし，この問題を逆に捉えると，「手続き (1.22) をどこかで断ち切れば，点粒子の運動を決定することができる。」

---

*26 たとえば，図 1.1 において，3つのベクトル $\boldsymbol{x}(t+\Delta t)$，$\boldsymbol{x}(t)$，$\boldsymbol{v}(t)\Delta t$ を3辺とする三角形の面積を ΔS とおくと，面積速度の大きさは $\frac{\Delta S}{\Delta t}$ となる。

という発想に到達する。そこで，1つの方法として，

$$\text{時刻 } t+\Delta t \text{ における位置と速度は，時刻 } t\text{，および，}\\ \text{時刻 } t \text{ における位置と速度から一意的に決定される。} \tag{1.24}$$

を仮定してみよう。つまり，「(1.5) と (1.12) の右辺は位置 $\boldsymbol{x}(t)$ と速度 $\boldsymbol{v}(t)$，および，（これらの t とは別の形で依存する）時刻 t によって表される。」と仮定するのである。ここには3種類の t が現れるが，$\boldsymbol{x}(t)$ と $\boldsymbol{v}(t)$ の t は，それぞれ，位置 $\boldsymbol{x}$ と速度 $\boldsymbol{v}$ の時間変化を表し，3番目の時刻 t の t は，位置 $\boldsymbol{x}$ や速度 $\boldsymbol{v}$ とは無関係な時間依存性を表す。[*27] ただし，残念ながら，この仮定は「これ以外には考えつかない」と言えるほど自然な仮定ではないので注意が必要である。仮定 (1.24) は，あくまでもいくつかある可能性のうちの1つに過ぎず，この他にも，たとえば，

$$\text{時刻 } t+\Delta t \text{ における位置は，時刻 } t\text{，および，}\\ \text{時刻 } t \text{ における位置から一意的に決定される。} \tag{1.25}$$

や

$$\text{時刻 } t+\Delta t \text{ における位置と速度と加速度は，時刻 } t\text{，}\\ \text{および，時刻 } t \text{ におけるそれらから一意的に決定される。} \tag{1.26}$$

のようないろいろな仮定が考えられるからである。しかし，これらの仮定は観測事実と合わない結論を導くので，本文では仮定 (1.24) を扱うことにする。[*28]

ところで，(1.5) と (1.12) の右辺には，位置と速度に加え，加速度が現れている。この事実と仮定 (1.24) が矛盾しないためには，加速度 $\boldsymbol{a}(t)$ が，位置 $\boldsymbol{x}(t)$，速度 $\boldsymbol{v}(t)$，および，時刻 t の関数，すなわち，

$$\boldsymbol{a}(t) \;=\; \boldsymbol{f}\big(\boldsymbol{x}(t), \boldsymbol{v}(t); t\big) \tag{1.27}$$

と表されればよい。[*29] 式 (1.27) は仮定 (1.24) の十分条件であって必要条件ではないが，論理的には自然な流れの帰結なので，「仮定 (1.24) が式 (1.27) を要請す

[*27] 時刻のこのような依存性を「陽に依存する」という。

[*28] 仮定 (1.25) や (1.26) に基づく議論については，本項の問 2, 3，1.3.1 項の問 3, 4，1.3.2 項の問 1, 2, 3 を参照せよ。

[*29] (1.27) の右辺には3つの t が現れているが，それぞれの役割は異なる。$\boldsymbol{x}(t)$ と $\boldsymbol{v}(t)$ の t は，それぞれ，位置 $\boldsymbol{x}$ と速度 $\boldsymbol{v}$ の時間変化を表し，最後の t は位置 $\boldsymbol{x}$ や速度 $\boldsymbol{v}$ とは無関係な時間依存性を表す。ところで，右辺の中のセミコロン (;) は，時刻 t の依存性を強調するためにコンマ (,) の代わりに導入したもので，本質的にはコンマと同じ役割をする。

る。」と考えてよいだろう。[*30] $\boldsymbol{f}$ の関数形は，位置 $\boldsymbol{x}(t)$，速度 $\boldsymbol{v}(t)$，時刻 t とは無関係に決まるもので，系の物理的な状況で決まる。[*31] $\boldsymbol{f}$ が運動を引き起こす要因になることから，本書では $\boldsymbol{f}$ を「起動因子」とよぶことにしよう。[*32]

以上の結果をまとめると，仮定 (1.24) に従うならば，任意の時刻における点粒子の位置を決定する式として，一連の方程式 (1.5)，(1.12)，および，(1.27)，すなわち，

$$\begin{aligned} \boldsymbol{x}(t+\Delta t) &= \boldsymbol{x}(t) + \boldsymbol{v}(t)\Delta t \\ \boldsymbol{v}(t+\Delta t) &= \boldsymbol{v}(t) + \boldsymbol{a}(t)\Delta t \qquad \boldsymbol{a}(t) = \boldsymbol{f}\big(\boldsymbol{x}(t), \boldsymbol{v}(t); t\big) \end{aligned} \tag{1.28}$$

を得たことになる。ただし，Δt は微小な時間である。(1.28) は，$\Delta t \to 0$ の極限を取ると，

$$\begin{aligned} \dot{\boldsymbol{x}}(t) &= \boldsymbol{v}(t) \\ \dot{\boldsymbol{v}}(t) &= \boldsymbol{a}(t) \qquad \boldsymbol{a}(t) = \boldsymbol{f}\big(\boldsymbol{x}(t), \boldsymbol{v}(t); t\big) \end{aligned} \tag{1.29}$$

となる。ところで，(1.29) の最初の 2 つの式は，位置と速度が微分可能であることを意味し，速度と加速度を定義しているに過ぎない。したがって，(1.29) の最後の式，つまり，方程式 (1.27) こそが点粒子の運動を記述する鍵になる。方程式 (1.27) は，点粒子の運動を記述する方程式で，「運動方程式」とよばれる。また，(1.29) を 1 つにまとめ，

$$\ddot{\boldsymbol{x}}(t) = \boldsymbol{f}\big(\boldsymbol{x}(t), \dot{\boldsymbol{x}}(t); t\big) \tag{1.30}$$

と表すこともできる。これも「運動方程式」である。このように，仮定 (1.24) の下で得られた運動方程式 (1.27) と (1.30) は時間について 2 階微分の式になるので，以後は，これらを「2 階微分の運動方程式」とよぶことにしよう。

最後に，2 階微分の運動方程式 (1.27) が運動方程式となる理由を，もう一度，説明しよう。時刻 t における点粒子の位置 $\boldsymbol{x}(t)$ と速度 $\boldsymbol{v}(t)$ が初期条件として与えられた場合，運動方程式 (1.27) により，時刻 t の加速度 $\boldsymbol{a}(t)$ が得られる。そ

[*30] (1.14) の $\boldsymbol{a}(t)=\dot{\boldsymbol{v}}(t)$ とは意味が異なることに注意。(1.14) は加速度の定義をしているに過ぎない。(1.14) と (1.27) の意味の違いが，運動方程式の真髄である。逆に言えば，この違いが理解できれば，運動方程式の意味を理解したと言ってよい。

[*31] たとえば，1 つの点粒子が，外力が働かない空間内を運動する [$\boldsymbol{f}=\boldsymbol{0}$] とか，一様な外力が働く空間内を運動する [$\boldsymbol{f}=$ (定数ベクトル)] とか，ある決まった点 $\boldsymbol{c}$ からの距離に比例した外力を受けて運動する [$\boldsymbol{f}=k(\boldsymbol{x}-\boldsymbol{c})$] という状況である。

[*32] これは本書独特の呼び名である。

して，(1.12) より $\boldsymbol{v}(t+\Delta t)$ が得られ，(1.5) より $\boldsymbol{x}(t+\Delta t)$ が得られる。(1.28) の一連の方程式を通じて，時刻 t における点粒子の位置 $\boldsymbol{x}(t)$ と速度 $\boldsymbol{v}(t)$ から，時刻 $t+\Delta t$ における点粒子の位置 $\boldsymbol{x}(t+\Delta t)$ と速度 $\boldsymbol{v}(t+\Delta t)$ が得られるのである。同様の操作により，位置 $\boldsymbol{x}(t+\Delta t)$ と速度 $\boldsymbol{v}(t+\Delta t)$ から，位置 $\boldsymbol{x}(t+2\Delta t)$ と速度 $\boldsymbol{v}(t+2\Delta t)$ が得られ，そして，時刻 $t+3\Delta t,\ t+4\Delta t,\ \ldots$ の位置と速度が次々と得られてゆく。微小な時間 Δt の積み重ねによって時間発展の一意的な決定を可能にするこの連鎖的メカニズムこそが運動方程式の真髄なのである。*33

多粒子系の運動方程式

最後に，複数の点粒子から構成される系の時間発展を考えよう。これまでの議論では，1つの点粒子の運動について考えたが，これを2つの点粒子から構成される系へ拡張するには，$\boldsymbol{x}(t) \to \big(\boldsymbol{x}^{(1)}(t), \boldsymbol{x}^{(2)}(t)\big)$ という置き換えをすればよい。$\boldsymbol{x}^{(1)}(t)$ と $\boldsymbol{x}^{(2)}(t)$ は，それぞれ，点粒子1と2の位置である。したがって，2つの点粒子から構成される系を記述する運動方程式は，(1.30) を

$$
\begin{aligned}
\ddot{\boldsymbol{x}}^{(1)}(t) &= \boldsymbol{f}^{(1)}\big(\boldsymbol{x}^{(1)}(t), \boldsymbol{x}^{(2)}(t), \dot{\boldsymbol{x}}^{(1)}(t), \dot{\boldsymbol{x}}^{(2)}(t); t\big) \\
\ddot{\boldsymbol{x}}^{(2)}(t) &= \boldsymbol{f}^{(2)}\big(\boldsymbol{x}^{(1)}(t), \boldsymbol{x}^{(2)}(t), \dot{\boldsymbol{x}}^{(1)}(t), \dot{\boldsymbol{x}}^{(2)}(t); t\big)
\end{aligned}
\tag{1.31}
$$

のように拡張した式となる。*34 さらに多くの点粒子から構成される系の運動方程式は，2つの点粒子のときと同様にすると，

$$
\begin{aligned}
\ddot{\boldsymbol{x}}^{(1)}(t) &= \boldsymbol{f}^{(1)}\big(\boldsymbol{x}^{(1)}(t), \boldsymbol{x}^{(2)}(t), \ldots, \boldsymbol{x}^{(N)}(t), \dot{\boldsymbol{x}}^{(1)}(t), \dot{\boldsymbol{x}}^{(2)}(t), \ldots, \dot{\boldsymbol{x}}^{(N)}(t); t\big) \\
\ddot{\boldsymbol{x}}^{(2)}(t) &= \boldsymbol{f}^{(2)}\big(\boldsymbol{x}^{(1)}(t), \boldsymbol{x}^{(2)}(t), \ldots, \boldsymbol{x}^{(N)}(t), \dot{\boldsymbol{x}}^{(1)}(t), \dot{\boldsymbol{x}}^{(2)}(t), \ldots, \dot{\boldsymbol{x}}^{(N)}(t); t\big) \\
&\ \vdots \\
\ddot{\boldsymbol{x}}^{(N)}(t) &= \boldsymbol{f}^{(N)}\big(\boldsymbol{x}^{(1)}(t), \boldsymbol{x}^{(2)}(t), \ldots, \boldsymbol{x}^{(N)}(t), \dot{\boldsymbol{x}}^{(1)}(t), \dot{\boldsymbol{x}}^{(2)}(t), \ldots, \dot{\boldsymbol{x}}^{(N)}(t); t\big)
\end{aligned}
\tag{1.33}
$$

となる。N は粒子数で，$\boldsymbol{x}^{(n)}(t)\,[\,n=1,\ 2,\ \ldots,\ N\,]$ は点粒子 n の位置である。このようにすれば，多粒子系の場合でも，ある時刻における全ての点粒子の位置と

---

*33 電磁気学の Maxwell 方程式や量子力学の Schrödinger 方程式も全く同じ仕組みを持っており，これらも運動方程式の一種である。

*34 この拡張は，1次元空間の運動方程式 $\ddot{x}(t) = f\big(x(t), \dot{x}(t); t\big)$ を2次元空間の運動方程式

$$
\begin{aligned}
\ddot{x}(t) &= f_x\big(x(t), y(t), \dot{x}(t), \dot{y}(t); t\big) \\
\ddot{y}(t) &= f_y\big(x(t), y(t), \dot{x}(t), \dot{y}(t); t\big)
\end{aligned}
\tag{1.32}
$$

へ拡張したときと同じ要領。これをさらに3次元空間へ拡張した運動方程式が (1.30) である。

速度がわかれば，任意の時刻 t の点粒子 n $[n=1,2,\ldots,N]$ の位置 $\boldsymbol{x}^{(n)}(t)$ は運動方程式 (1.33) により一意的に求めることができるのである。点粒子 n $[n=1,2,\ldots,N]$ の起動因子 $\boldsymbol{f}^{(n)}$ は，全ての点粒子の位置と速度，および，時刻の関数になっており，仮定 (1.24) から要請される最大限に一般的な形になっていることにも注目しよう。

(1.31) は (1.30) の $\boldsymbol{x}$ を $\boldsymbol{x}=(x,y,z)\to(x^{(1)},y^{(1)},z^{(1)},x^{(2)},y^{(2)},z^{(2)})$ のようにして，ベクトルの成分を増やした形になっている。$\boldsymbol{f}$ も同じである。(1.33) も (1.31) と同じ構造をしており，結局，(1.30) と同じ形になる。ただし，$\boldsymbol{x}$ と $\boldsymbol{f}$ は

$$\boldsymbol{x}=\begin{pmatrix}x_1\\x_2\\\vdots\\x_{d-1}\\x_d\end{pmatrix}:=\begin{pmatrix}\boldsymbol{x}^{(1)}\\\boldsymbol{x}^{(2)}\\\vdots\\\boldsymbol{x}^{(N)}\end{pmatrix}\qquad\boldsymbol{f}=\begin{pmatrix}f_1\\f_2\\\vdots\\f_{d-1}\\f_d\end{pmatrix}:=\begin{pmatrix}\boldsymbol{f}^{(1)}\\\boldsymbol{f}^{(2)}\\\vdots\\\boldsymbol{f}^{(N)}\end{pmatrix}\tag{1.34}$$

だが,[*35] このときの成分数 d は $d=3N$ である。また，一部の粒子の運動が3次元未満の空間内に制限される系も考えられる。このような一般的な系のときも運動方程式 (1.30) は変更されないが，(1.34) の $\boldsymbol{x}$ と $\boldsymbol{f}$ の成分数 d は $3N$ に限定されることはなくなり，$\boldsymbol{x}$ と $\boldsymbol{f}$ は一般的な自然数 d を持つ d 次元 Euclid 空間 $\mathbb{R}^d$ の実ベクトルになる。[*36]

1.1.2 項の演習問題

問 1^{A} 時刻 t_0 における点粒子の位置 $\boldsymbol{x}(t_0)$ と速度 $\boldsymbol{v}(t_0)$ が初期条件として与えられた場合において, (1.28) を逐次利用して, $\boldsymbol{x}(t_0+\Delta t)$ と $\boldsymbol{v}(t_0+\Delta t)$, $\boldsymbol{x}(t_0+2\Delta t)$ と $\boldsymbol{v}(t_0+2\Delta t)$，$\boldsymbol{x}(t_0+3\Delta t)$ と $\boldsymbol{v}(t_0+3\Delta t)$ を求めよ。ただし，Δt は微小な時間である。

問 2^{A} 運動方程式の仮定 (1.24) を (1.25) へ変更すると,[*37] (1.28) と (1.30) に相当する式はどのように変更されるだろうか？ また，時刻 t_0 における点粒子の位置 $\boldsymbol{x}(t_0)$ が初期条件として与えられた場合において，ここで得た式を逐次利用して，$\boldsymbol{x}(t_0+\Delta t)$，$\boldsymbol{x}(t_0+2\Delta t)$，$\boldsymbol{x}(t_0+3\Delta t)$ を求めよ。ただし，Δt は微小な時間である。

---

*35 $A:=B$ は,「A の定義を B とする。」という意味。$B=:A$ と表すこともある。

*36 このように，時として，形式的な拡張は物理的な内容を自然な形で一般化することがある。

*37 この仮定は仮定 (1.24) よりもきつい仮定である。

問 3$^{\rm B}$ 運動方程式の仮定 (1.24) を (1.26) へ変更すると，[*38] (1.28) と (1.30) に相当する式はどのように変更されるだろうか？ また，時刻 t_0 における点粒子の位置 $\boldsymbol{x}(t_0)$ と速度 $\boldsymbol{v}(t_0)$ と加速度 $\boldsymbol{a}(t_0)$ が初期条件として与えられた場合において，ここで得た式を逐次利用して，$\boldsymbol{x}(t_0+\Delta t)$，$\boldsymbol{x}(t_0+2\Delta t)$，$\boldsymbol{x}(t_0+3\Delta t)$ を求めよ。ただし，Δt は微小な時間である。

問 4$^{\rm A}$ 1粒子系の運動方程式 (1.30) を $\boldsymbol{x}(t)$ の成分 $x(t)$，$y(t)$，$z(t)$ を使って書き表せ。また，2粒子系の運動方程式 (1.31) についても同じことを行い，最後に (1.30) の形にせよ。

問 5$^{\rm A}$ (1.31) と (1.35) の物理的な意味の違いを説明せよ。

$$\begin{aligned}\ddot{\boldsymbol{x}}^{(1)}(t) &= \boldsymbol{f}^{(1)}\big(\boldsymbol{x}^{(1)}(t), \dot{\boldsymbol{x}}^{(1)}(t); t\big)\\ \ddot{\boldsymbol{x}}^{(2)}(t) &= \boldsymbol{f}^{(2)}\big(\boldsymbol{x}^{(2)}(t), \dot{\boldsymbol{x}}^{(2)}(t); t\big)\end{aligned} \tag{1.35}$$

問 6$^{\rm B}$ **【粘性抵抗】** 1次元空間内を加速度 $a=g-kv^2\mathrm{sgn}(v)$ で運動する点粒子がある。[*39] ただし，g と k はいずれも正の定数である。この点粒子が，時刻 0 において位置 0 から速度 v_0 で打ち出された。これについて以下の問いに答えよ。[*40]

a) 点粒子が一定速度を保つときの速度 v_∞ を求めよ。また，速度 v_∞ の状態が安定であることを示せ。

b) $\mathrm{sgn}(v)=\mathrm{sgn}(v_0)\neq 0$ の場合，時刻 t における点粒子の速度 $v(t)$，および，位置 x における点粒子の速度 $v(x)$ を求めよ。

c) $v_0=0$ の場合，時刻 t における点粒子の速度 $v(t)$ を求めよ。

1.2　空間と時間の対称性

1.1節で議論したように，点粒子の運動は $\boldsymbol{x}(t)$，つまり，位置 $\boldsymbol{x}$ と時刻 t で決まる。この位置 $\boldsymbol{x}$ を定義するには座標系が必要だが，どのような座標系が適当なのだろうか？ 特別な座標系は存在するのだろうか？ たとえば，全ての物体が静止する世界の中で，静止する粒子からまわりの景色を見ると，近い遠いの違いを除けば，空間のどの点も同じように見える。ところが，ある一つの点を中心に円

[*38] この仮定は仮定 (1.24) よりも緩い仮定である。

[*39] 関数 $\mathrm{sgn}(v)$ は v の値が正，零，負に対して，それぞれ，1, 0, −1 の値を取る関数である。

[*40] 運動方程式が $\boldsymbol{a}=\boldsymbol{f}(\boldsymbol{v})$ となる問題である。

運動する粒子からまわりの景色を見ると，円運動の中心は特別な点に見える。[*41] 自分自身が自転していれば，円運動の中心は自分自身になる。また，直線運動する粒子からまわりの景色を見ると，空間の全ての点は同じ方向に動いているように見える。このように，座標系の違いにより，全ての点が対等になったり，特別な点が現れたり，特別な方向が現れたりする。対称性が見えたり見えなかったりするのである。[*42]

どのような座標系を取ってもよいのなら，対称性が見える座標系が特別な意味を持つことはないはずである。しかし，「座標系は観測者の意思により自由に取ることができるが，空間や時間の対称性の存在は観測者とは無関係である。」と考えるならば，対称性は座標系を自由に取れることとは無関係で，どのような対称性が存在するかは，観測者ではなく，系に依存する。したがって，対称性が見える座標系において対称性の物理的な性質を調べることは意味のある問題だと考えられる。そこで，本節と次節では，空間や時間の対称性が見える座標系を利用し，物体の運動と空間や時間の対称性の関係を調べてみよう。

ところで，空間や時間の対称性にはいろいろな種類があり，簡単な例では，本節で扱う空間一様性，空間等方性，時間一様性，空間反転の対称性，時間反転の対称性，次節で扱う静の慣性，動の慣性などがある。その一つを対称性Sとよぶならば，対称性Sが見える座標系が存在する系を「対称性Sを持つ系」といい，「系は対称性Sを持つ。」という。[*43] そして，観測者が特定の座標系Cにおいて静止しているとき，「観測者は座標系Cにいる。」という。対称性は座標系の取り方によって見えたり見えなかったりするので，対称性が見える座標系が存在するかどうか，そして，その座標系ではどんな対称性が見えるのかが鍵になる。[*44] ただし，点粒子の運動は，仮定 (1.24) に基づく2階微分の運動方程式 (1.27) に従うものとする。[*45] また，複数の点粒子から構成される系も同様なので，本節では簡単のため，1つの点粒子から構成される系を扱うことにする。[*46]

---

*41 太陽系を例に挙げると，太陽系の遥か彼方から太陽を見ると，太陽は動かず，星々の1つに過ぎない。ところが，地球から太陽を見ると，地球は太陽の周りを公転しているため，太陽は星々の中を移動する特別な星に見える。（見える星座が季節で変わる。）前者の視点は「太陽中心説」，または，「地動説」，後者の視点は「地球中心説」，または，「天動説」とよばれている。

*42 どのような対称性になるかについては，本節以降で議論する。

*43 これは，座標系と関係する対称性なので，いわゆる「幾何学的な対称性」である。

*44 対称性が存在すると言っても，任意の座標系で対称性が見えるわけではないので注意しよう。

*45 (1.25) や (1.26) のような仮定のときも同様の議論が可能である。

*46 複数の点粒子から構成される系が持つ対称性に関しては，2.3.3項と 2.3.4項の相対座標が登場する議論を参照せよ。

1.2.1　空間の一様性・等方性と時間の一様性

本項では，系が持つ対称性として，空間の一様性，空間の等方性，および，時間の一様性を考えよう。これらの対称性は，1次元Euclid空間$\mathbb{R}^1$の等方性を除くと，全て，連続的な線形変換から得られる。

空間の一様性

最初に，1つの点粒子の運動と空間一様性の関係について考えよう。

「空間一様性」とは，空間が一様であること，すなわち，「基準となる特別な位置が存在しないこと」である。運動がこのような空間一様性を持つためには，運動方程式が2階微分の場合，運動を記述する一連の方程式 (1.29)，つまり，

$$\dot{\boldsymbol{x}}(t) = \boldsymbol{v}(t) \qquad \dot{\boldsymbol{v}}(t) = \boldsymbol{a}(t) \tag{1.36}$$
$$\boldsymbol{a}(t) = \boldsymbol{f}\big(\boldsymbol{x}(t), \boldsymbol{v}(t); t\big) \tag{1.37}$$

が，時刻tに依存しない任意の実ベクトル$\boldsymbol{x}_0$による空間並進[*47]

$$\boldsymbol{x}(t) \longmapsto \boldsymbol{x}'(t) := \boldsymbol{x}(t) + \boldsymbol{x}_0 \tag{1.38}$$

の下で変更を受けず，(1.36)・(1.37) と物理的に全く同じ方程式[*48]

$$\dot{\boldsymbol{x}}'(t) = \boldsymbol{v}'(t) \qquad \dot{\boldsymbol{v}}'(t) = \boldsymbol{a}'(t) \tag{1.39}$$
$$\boldsymbol{a}'(t) = \boldsymbol{f}\big(\boldsymbol{x}'(t), \boldsymbol{v}'(t); t\big) \tag{1.40}$$

になることが必要十分となる。つまり，空間一様性とは，「空間並進の不変性」のことで，運動方程式について言えば，

任意の空間並進 (1.38) に対し，運動方程式は不変。　(1.41)

なのである。(1.38) は位置ベクトル$\boldsymbol{x}$が張る3次元Euclid空間$\mathbb{R}^3$の並進群（平行移動の群）の変換である。

(1.36) が，空間並進 (1.38) の変換後，(1.39) に一致するには，速度$\boldsymbol{v}(t)$と加速度$\boldsymbol{a}(t)$の変換が，それぞれ，

$$\boldsymbol{v}(t) \longmapsto \boldsymbol{v}'(t) := \boldsymbol{v}(t) \qquad \boldsymbol{a}(t) \longmapsto \boldsymbol{a}'(t) := \boldsymbol{a}(t) \tag{1.42}$$

---

*47 $\boldsymbol{x}(t) \mapsto \boldsymbol{x}'(t)$ は「座標$\boldsymbol{x}(t)$から座標$\boldsymbol{x}'(t)$への写像」という意味である。

*48 (1.36)・(1.37) から (1.39)・(1.40) への変更は記号の変更に過ぎず，この場合は，位置を$\boldsymbol{x}(t)$から$\boldsymbol{x}'(t)$へ，速度を$\boldsymbol{v}(t)$から$\boldsymbol{v}'(t)$へ，加速度を$\boldsymbol{a}(t)$から$\boldsymbol{a}'(t)$へ変更している。

であればよい。(1.39) は，変換 (1.38)･(1.42) の下で，変換前の (1.36) になるからである。[*49] 一方，2 階微分の運動方程式 (1.40) は，変換 (1.38)･(1.42) の下で，

$$\boldsymbol{a}(t) \;=\; \boldsymbol{f}\big(\boldsymbol{x}(t)+\boldsymbol{x}_0, \boldsymbol{v}(t); t\big) \tag{1.43}$$

となる。したがって，運動が空間一様性を持つためには，座標を $\boldsymbol{x}_0$ だけ空間並進した運動方程式 (1.40)，つまり，(1.43) と変換前の運動方程式 (1.37) が同じ運動を記述することが必要十分。よって，

$$\boldsymbol{f}\big(\boldsymbol{x}(t)+\boldsymbol{x}_0, \boldsymbol{v}(t); t\big) \;=\; \boldsymbol{f}\big(\boldsymbol{x}(t), \boldsymbol{v}(t); t\big) \tag{1.44}$$

が任意の実ベクトル $\boldsymbol{x}_0$ に対して成り立つことが必要十分となる。[*50] (1.44) を満たす起動因子 $\boldsymbol{f}$ の一般的な関数形は容易に求めることができて，位置 $\boldsymbol{x}(t)$ に依存しない形

$$\boldsymbol{f} \;=\; \boldsymbol{f}\big(\boldsymbol{v}(t); t\big) \tag{1.45}$$

となる。

以上の結果をまとめると，1 粒子系が空間一様性を持つためには，時刻 t に依存しない任意の実ベクトル $\boldsymbol{x}_0$ による置き換え[*51]

$$\boldsymbol{x}(t) \,\to\, \boldsymbol{x}(t)+\boldsymbol{x}_0 \qquad \boldsymbol{v}(t) \,\to\, \boldsymbol{v}(t) \qquad \boldsymbol{a}(t) \,\to\, \boldsymbol{a}(t) \tag{1.46}$$

の下で運動方程式が変更を受けないことが必要十分となる。特に，2 階微分の運動方程式 (1.37) の場合は，起動因子 (1.45) を (1.37) に代入した運動方程式

$$\boldsymbol{a}(t) \;=\; \boldsymbol{f}\big(\boldsymbol{v}(t); t\big) \tag{1.47}$$

となる。

[*49] (1.39) は，変換 (1.38)･(1.42) の下で，

$$\frac{\mathrm{d}}{\mathrm{d}t}\big(\boldsymbol{x}(t)+\boldsymbol{x}_0\big) \;=\; \boldsymbol{v}(t) \qquad\qquad \frac{\mathrm{d}}{\mathrm{d}t}\boldsymbol{v}(t) \;=\; \boldsymbol{a}(t)$$

となるが，$\boldsymbol{x}_0$ は定数ベクトルなので微分によって消えて，(1.36) となる。

[*50] たとえば，孤立系では (1.94)，よって，$\boldsymbol{f}=\boldsymbol{0}$ なので，(1.44) は成り立つ。孤立系以外では，一様重力場中の点粒子の運動では (1.44) は成り立ち，調和振動では (1.44) は成り立たない。

[*51] たとえば，$\boldsymbol{x}(t) \to \boldsymbol{x}(t)+\boldsymbol{x}_0$ という表記は，「$\boldsymbol{x}(t)$ を $\boldsymbol{x}(t)+\boldsymbol{x}_0$ に対応させる」という意味なので，「$\boldsymbol{x}(t)$ を $\boldsymbol{x}(t)+\boldsymbol{x}_0$ で置き換える」と考えることもできる。

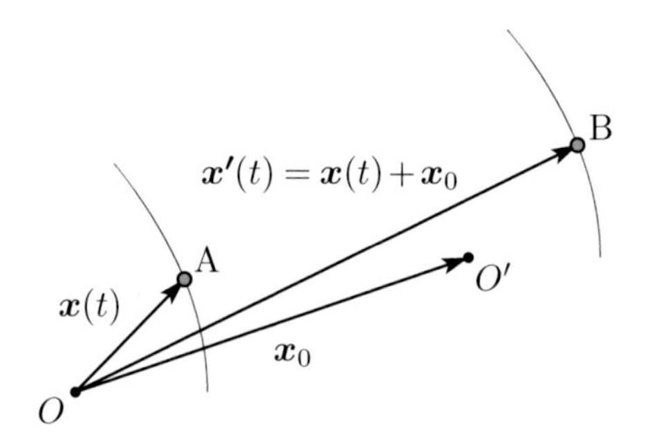

図 1.2　点粒子の運動の軌跡と空間並進（点Aを通過する点粒子の加速度は $\boldsymbol{f}(\boldsymbol{x},\boldsymbol{v};t)$ で，これを $\boldsymbol{x}_0$ だけ空間並進させた加速度も $\boldsymbol{f}(\boldsymbol{x},\boldsymbol{v};t)$ となるが，空間一様性が成り立つならば，これは点Bを通過する点粒子の加速度になる。一方，点Bを通過する点粒子の実際の加速度は $\boldsymbol{f}(\boldsymbol{x}',\boldsymbol{v}';t) = \boldsymbol{f}(\boldsymbol{x}+\boldsymbol{x}_0,\boldsymbol{v};t)$。よって，これら2つの運動が同じ軌道を描く条件は (1.44) となる。）

空間の等方性

次に，1つの点粒子の運動と空間等方性の関係について考えよう。ただし，ここでは話の流れを明確にするため，空間の次元を3次元に限定する。

「空間等方性」とは，ある点から見て空間が等方であること，すなわち，「ある点から見て基準となる特別な向きが存在しないこと」である。そこで，議論をしやすくするため，ある点を「空間回転の中心」，または，「空間等方性の中心」とよぶことにしよう。そして，空間座標系を，空間回転の中心が原点 $[\boldsymbol{x}=\boldsymbol{0}]$ となるように取る。運動がこのような（原点を中心とする）空間等方性を持つためには，(1.2) にて点粒子は向きを持たないと仮定したので，運動方程式が2階微分の場合，運動を記述する一連の方程式 (1.36)・(1.37) が，時刻 t に依存しない任意の実回転行列 $\mathbb{P}$ による空間回転 [*52]

$$\boldsymbol{x}(t) \longmapsto \boldsymbol{x}'(t) := \mathbb{P}\cdot\boldsymbol{x}(t) \tag{1.48}$$

の下で変更を受けず，(1.36)・(1.37) と物理的に全く同じ方程式 (1.39)・(1.40) になることが必要十分となる。[*53] つまり，（原点を中心とする）空間等方性とは，

[*52] 実回転行列は行列式1の実直交行列。

[*53] 位置 $\boldsymbol{x}$ を，x 軸を中心に角度 ϕ_x，y 軸を中心に角度 ϕ_y，z 軸を中心に角度 ϕ_z だけわずかに回転させ，$\boldsymbol{\phi} := \phi_x\mathbf{e}_x + \phi_y\mathbf{e}_y + \phi_z\mathbf{e}_z$ とすると，

$$\boldsymbol{x}(t) \longmapsto \boldsymbol{x}'(t) := (1 + \boldsymbol{\phi}\times)\,\boldsymbol{x}(t) \tag{1.49}$$

「空間回転の不変性」のことで，運動方程式について言えば，

$$\text{任意の空間回転 (1.48) に対し，運動方程式は不変。} \tag{1.50}$$

なのである。(1.48) は位置ベクトル $\boldsymbol{x}$ が張る3次元Euclid空間 $\mathbb{R}^3$ の回転群の変換である。

(1.36) が，空間回転 (1.48) の変換後，(1.39) に一致するには，速度 $\boldsymbol{v}(t)$ と加速度 $\boldsymbol{a}(t)$ の変換が，それぞれ，

$$\boldsymbol{v}(t) \longmapsto \boldsymbol{v}'(t) := \mathbb{P}\cdot\boldsymbol{v}(t) \qquad \boldsymbol{a}(t) \longmapsto \boldsymbol{a}'(t) := \mathbb{P}\cdot\boldsymbol{a}(t) \tag{1.51}$$

であればよい。[*54] (1.39) は，変換 (1.48)･(1.51) の下で，変換前の (1.36) になるからである。[*55] 一方，2階微分の運動方程式 (1.40) は，変換 (1.48)･(1.51) の下で，

$$\mathbb{P}\cdot\boldsymbol{a}(t) \;=\; \boldsymbol{f}\big(\mathbb{P}\cdot\boldsymbol{x}(t), \mathbb{P}\cdot\boldsymbol{v}(t); t\big) \tag{1.53}$$

となる。したがって，運動が(原点を中心とする)空間等方性を持つためには，座標を $\mathbb{P}$ だけ空間回転した運動方程式 (1.40)，つまり，(1.53) と変換前の運動方程式 (1.37) が同じ運動を記述することが必要十分。よって，

$$\mathbb{P}^{-1}\cdot\boldsymbol{f}\big(\mathbb{P}\cdot\boldsymbol{x}(t), \mathbb{P}\cdot\boldsymbol{v}(t); t\big) \;=\; \boldsymbol{f}\big(\boldsymbol{x}(t), \boldsymbol{v}(t); t\big) \tag{1.54}$$

が任意の実回転行列 $\mathbb{P}$ に対して成り立つことが必要十分となる。[*56]

(1.54) を満たす起動因子 $\boldsymbol{f}$ の一般的な関数形は少々複雑になるので，空間等方性の仮定だけでなく空間一様性の仮定を加えて，問題を簡単化しよう。すると，この場合，空間一様性により空間回転の中心は任意となり，空間等方性は全て

となる。ただし，$\boldsymbol{\phi}$ の2次以上の項は省略した。これは (1.48) の微小変換である。

[*54] (1.51) の微小変換，つまり，速度 $\boldsymbol{v}(t)$ と加速度 $\boldsymbol{a}(t)$ の微小変換は次のようになる。

$$\begin{aligned}\boldsymbol{v}(t) &\longmapsto \boldsymbol{v}'(t) := (1 + \boldsymbol{\phi}\times)\,\boldsymbol{v}(t) \\ \boldsymbol{a}(t) &\longmapsto \boldsymbol{a}'(t) := (1 + \boldsymbol{\phi}\times)\,\boldsymbol{a}(t)\end{aligned} \tag{1.52}$$

[*55] (1.39) は，変換 (1.48)･(1.51) の下で，

$$\frac{\mathrm{d}}{\mathrm{d}t}\big(\mathbb{P}\cdot\boldsymbol{x}(t)\big) = \mathbb{P}\cdot\boldsymbol{v}(t) \qquad \frac{\mathrm{d}}{\mathrm{d}t}\big(\mathbb{P}\cdot\boldsymbol{v}(t)\big) = \mathbb{P}\cdot\boldsymbol{a}(t)$$

となるが，これらの式の左側から $\mathbb{P}^{-1}\cdot$ を掛けると，(1.36) となる。

[*56] たとえば，孤立系では (1.94)，よって，$\boldsymbol{f}=\boldsymbol{0}$ なので，(1.54) は成り立つ。

の点が中心となり得る空間等方性になる。この仮定の下では起動因子 $\boldsymbol{f}$ の形は (1.45) の形に制限されて，(1.54) は

$$\mathbb{P}^{-1}\cdot\boldsymbol{f}\big(\mathbb{P}\cdot\boldsymbol{v}(t);t\big) \;=\; \boldsymbol{f}\big(\boldsymbol{v}(t);t\big) \tag{1.55}$$

となる。(1.55) を満たす起動因子 $\boldsymbol{f}$ の一般的な関数形は容易に求めることができて，

$$\boldsymbol{f} \;=\; f_v\big(|\boldsymbol{v}(t)|;t\big)\,\boldsymbol{v}(t) \tag{1.56}$$

となる。[*57] ただし，係数 f_v は，速度 $\boldsymbol{v}(t)$ の大きさ，および，時刻 t を変数とするスカラー関数である。

以上の結果をまとめると，1粒子系が空間一様性と空間等方性を持つためには，時刻 t に依存しない任意の実ベクトル $\boldsymbol{x}_0$ による置き換え (1.46) と時刻 t に依存しない任意の実回転行列 $\mathbb{P}$ による置き換え

$$\boldsymbol{x}(t) \;\to\; \mathbb{P}\cdot\boldsymbol{x}(t) \qquad \boldsymbol{v}(t) \;\to\; \mathbb{P}\cdot\boldsymbol{v}(t) \qquad \boldsymbol{a}(t) \;\to\; \mathbb{P}\cdot\boldsymbol{a}(t) \tag{1.57}$$

の下で運動方程式が変更を受けないことが必要十分となる。特に，2階微分の運動方程式 (1.37) の場合は，起動因子 (1.56) を (1.37) に代入した運動方程式

$$\boldsymbol{a}(t) \;=\; f_v\big(|\boldsymbol{v}(t)|;t\big)\,\boldsymbol{v}(t) \tag{1.58}$$

となる。[*58]

ところで，本書では，(1.54) を満たす起動因子 $\boldsymbol{f}$ の一般的な関数形の導出を省略したが，結果だけ書くと，

$$\begin{aligned}\boldsymbol{f} \;=\;& f_x\big(|\boldsymbol{x}(t)|,|\boldsymbol{v}(t)|,\boldsymbol{x}(t)\cdot\boldsymbol{v}(t);t\big)\,\boldsymbol{x}(t)\\ &+ f_v\big(|\boldsymbol{x}(t)|,|\boldsymbol{v}(t)|,\boldsymbol{x}(t)\cdot\boldsymbol{v}(t);t\big)\,\boldsymbol{v}(t)\\ &+ f_{xv}\big(|\boldsymbol{x}(t)|,|\boldsymbol{v}(t)|,\boldsymbol{x}(t)\cdot\boldsymbol{v}(t);t\big)\,\boldsymbol{x}(t)\times\boldsymbol{v}(t)\end{aligned} \tag{1.59}$$

[*57] 1個のベクトル $\boldsymbol{v}$ が作るスカラーは $|\boldsymbol{v}|$ の1個，および，これの組み合わせになる。一方，ベクトルは $\boldsymbol{v}$ の1個が向きを決める。したがって，一般的なスカラーは $|\boldsymbol{v}|$ を変数とする関数になり，一般的なベクトルはこの関数に $\boldsymbol{v}$ を掛けた (1.56) になる。

[*58] (1.58) は3次元空間の結果だが，1次元空間のときも同じ結果になる。（参考：1.2.2項問3）しかし，2次元空間の場合，少し異なる結果になるので注意が必要である。（参考：本項問4）

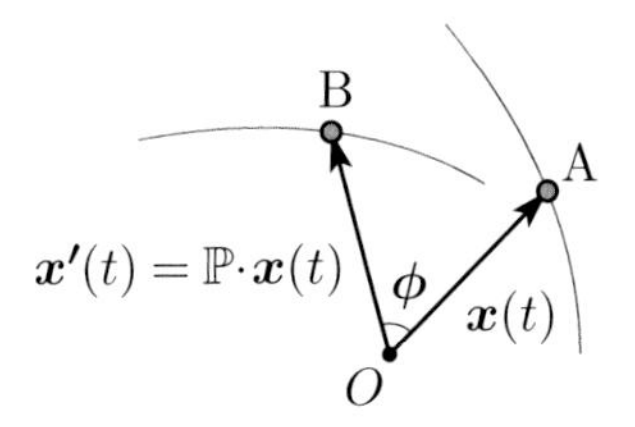

図 1.3 点粒子の運動の軌跡と空間回転（点Aを通過する点粒子の加速度は $\boldsymbol{f}(\boldsymbol{x},\boldsymbol{v};t)$ で，これを $\mathbb{P}$ だけ空間回転させた加速度は $\mathbb{P}\cdot\boldsymbol{f}(\boldsymbol{x},\boldsymbol{v};t)$ となるが，空間等方性が成り立つならば，これは点Bを通過する点粒子の加速度になる。一方，点Bを通過する点粒子の実際の加速度は $\boldsymbol{f}(\boldsymbol{x}',\boldsymbol{v}';t) = \boldsymbol{f}(\mathbb{P}\cdot\boldsymbol{x},\mathbb{P}\cdot\boldsymbol{v};t)$。よって，これら2つの運動が同じ軌道を描く条件は (1.54) となる。）

となる。[*59] ただし，線形和の3つの係数 f_x, f_v, f_{xv} は，いずれも，位置 $\boldsymbol{x}(t)$ と速度 $\boldsymbol{v}(t)$ の大きさと内積，および，時刻 t を変数とするスカラー関数である。

時間の一様性

最後に，1つの点粒子の運動と時間一様性の関係について考えよう。

「時間一様性」とは，時間が一様であること，すなわち，「基準となる特別な時刻が存在しないこと」である。運動がこのような時間一様性を持つためには，運動方程式が2階微分の場合，運動を記述する一連の方程式 (1.36)･(1.37) が，任意の実数 t_0 による時間並進

$$t \longmapsto t' := t + t_0 \tag{1.60}$$

の下で変更を受けず，(1.36)･(1.37) と物理的に全く同じ方程式

$$\dot{\boldsymbol{x}}'(t') = \boldsymbol{v}'(t') \qquad \dot{\boldsymbol{v}}'(t') = \boldsymbol{a}'(t') \tag{1.61}$$

$$\boldsymbol{a}'(t') = \boldsymbol{f}\big(\boldsymbol{x}'(t'),\boldsymbol{v}'(t');t'\big) \tag{1.62}$$

になることが必要十分となる。[*60] つまり，時間一様性とは，「時間並進の不変性」のことで，運動方程式について言えば，

$$\text{任意の時間並進 (1.60) に対し，運動方程式は不変。} \tag{1.63}$$

[*59] 2個のベクトル $\boldsymbol{x}$ と $\boldsymbol{v}$ が作るスカラーは $|\boldsymbol{x}|$, $|\boldsymbol{v}|$, $\boldsymbol{x}\cdot\boldsymbol{v}$ の3個，および，これらの組み合わせになる。一方，ベクトルは $\boldsymbol{x}$, $\boldsymbol{v}$, $\boldsymbol{x}\times\boldsymbol{v}$ の3個が向きを決める。したがって，一般的なスカラーは $|\boldsymbol{x}|$, $|\boldsymbol{v}|$, $\boldsymbol{x}\cdot\boldsymbol{v}$ を変数とする関数になり，一般的なベクトルはこの関数に $\boldsymbol{x}$, $\boldsymbol{v}$, $\boldsymbol{x}\times\boldsymbol{v}$ を掛けた (1.59) になる。

[*60] これらは (1.39)･(1.40) と本質的に同じ式だが，ここでは変換後の時間を t から t' へ変えたので，(1.39)･(1.40) とは少し異なる式になる。

なのである。(1.60) は時刻 t が張る1次元 Euclid 空間 $\mathbb{R}^1$ の並進群（平行移動の群）の変換である。

(1.36) が，時間並進 (1.60) の変換後，(1.61) に一致するには，位置 $\boldsymbol{x}(t)$ と速度 $\boldsymbol{v}(t)$ と加速度 $\boldsymbol{a}(t)$ の変換が，それぞれ，

$$\begin{aligned} &\boldsymbol{x}(t) \longmapsto \boldsymbol{x}'(t') := \boldsymbol{x}(t) \\ &\boldsymbol{v}(t) \longmapsto \boldsymbol{v}'(t') := \boldsymbol{v}(t) \qquad \boldsymbol{a}(t) \longmapsto \boldsymbol{a}'(t') := \boldsymbol{a}(t) \end{aligned} \tag{1.64}$$

であればよい。(1.61) は，変換 (1.60)･(1.64) の下で，変換前の (1.36) になるからである。[*61] 一方，2階微分の運動方程式 (1.62) は，変換 (1.60)･(1.64) の下で，

$$\boldsymbol{a}(t) \;=\; \boldsymbol{f}\big(\boldsymbol{x}(t), \boldsymbol{v}(t); t + t_0\big) \tag{1.65}$$

となる。したがって，運動が時間一様性を持つためには，時刻を t_0 だけ時間並進した運動方程式 (1.62)，つまり，(1.65) と変換前の運動方程式 (1.37) が同じ運動を記述することが必要十分。よって，

$$\boldsymbol{f}\big(\boldsymbol{x}(t), \boldsymbol{v}(t); t + t_0\big) \;=\; \boldsymbol{f}\big(\boldsymbol{x}(t), \boldsymbol{v}(t); t\big) \tag{1.66}$$

が任意の実数 t_0 に対して成り立つことが必要十分となる。[*62] (1.66) を満たす起動因子 $\boldsymbol{f}$ の一般的な関数形は容易に求めることができて，

$$\boldsymbol{f} \;=\; \boldsymbol{f}\big(\boldsymbol{x}(t), \boldsymbol{v}(t)\big) \tag{1.67}$$

となる。時刻のこのような依存性を「陽に依存しない」という。[*63]

以上の結果をまとめると，1粒子系が時間一様性を持つためには，任意の定数 t_0 による置き換え

$$\begin{aligned} &t \to t + t_0 \\ &\boldsymbol{x}(t) \to \boldsymbol{x}(t) \qquad \boldsymbol{v}(t) \to \boldsymbol{v}(t) \qquad \boldsymbol{a}(t) \to \boldsymbol{a}(t) \end{aligned} \tag{1.68}$$

[*61] (1.61) は，変換 (1.60)･(1.64) の下で，

$$\frac{\mathrm{d}}{\mathrm{d}(t+t_0)}\boldsymbol{x}(t) \;=\; \boldsymbol{v}(t) \qquad \frac{\mathrm{d}}{\mathrm{d}(t+t_0)}\boldsymbol{v}(t) \;=\; \boldsymbol{a}(t)$$

となるが，$\frac{\mathrm{d}}{\mathrm{d}(t+t_0)} = \frac{\mathrm{d}}{\mathrm{d}t}$ なので，(1.36) となる。

[*62] たとえば，孤立系では (1.94)，よって，$\boldsymbol{f} = \boldsymbol{0}$ なので，(1.66) は成り立つ。孤立系以外では，一様重力場中の点粒子の運動や調和振動では (1.66) は成り立つ。

[*63] (1.67) の時刻 t は，位置 $\boldsymbol{x}$ や速度 $\boldsymbol{v}$ を通じてのみ依存するのである。

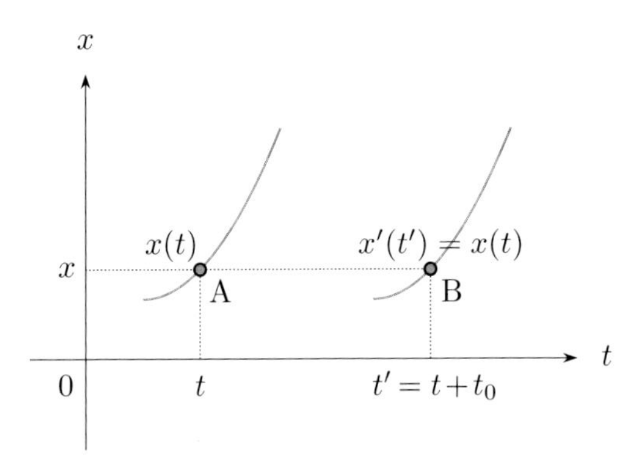

図 1.4 1次元空間中の点粒子の運動の軌跡と時間並進（点Aを通過する点粒子の加速度は $f(x(t), v(t); t)$ で，これを t_0 だけ時間並進させた加速度も $f(x(t), v(t); t)$ となるが，時間一様性が成り立つならば，これは点Bを通過する点粒子の加速度になる。一方，点Bを通過する点粒子の実際の加速度は $f(x'(t'), v'(t'); t') = f(x(t), v(t); t+t_0)$。よって，これら2つの運動が同じ軌道を描く条件は $f\bigl(x(t), v(t); t+t_0\bigr) = f\bigl(x(t), v(t); t\bigr)$。この3次元版が (1.66) である。）

の下で運動方程式が変更を受けないことが必要十分となる。特に，2階微分の運動方程式 (1.37) の場合は，起動因子 (1.67) を (1.37) に代入した運動方程式

$$\boldsymbol{a}(t) \ = \ \boldsymbol{f}\bigl(\boldsymbol{x}(t), \boldsymbol{v}(t)\bigr) \tag{1.69}$$

となる。

1.2.1 項の演習問題

問 1[B] 運動方程式 (1.58) による運動は直線運動になる。これを示せ。

問 2[A] 空間と時間の一様性が同時に成り立つ場合，運動方程式 (1.37) は，一般に，

$$\boldsymbol{a}(t) \ = \ \boldsymbol{f}\bigl(\boldsymbol{v}(t)\bigr) \tag{1.70}$$

となる。これを示せ。

問 3[B] 運動方程式 (1.70) について以下の問いに答えよ。

a) 運動方程式 (1.70) が記述する運動の空間一様性について述べよ。

b) 運動方程式 (1.70) の右辺は，速度 $\boldsymbol{v}(t)$ を通してのみ時刻 t に依存してい

る。このような時間依存性と，運動方程式 (1.47) のような起動因子 $\boldsymbol{f}$ が時刻 t に陽に依存することの違いについて，速度の時間発展の観点から説明せよ。

c) 運動方程式 (1.70) が記述する運動の時間一様性について述べよ。

問 4^{B} 2次元空間の運動方程式の等方性について議論せよ。*64

問 5^{B} 1.1.1項問5の系が空間一様性と空間等方性と時間一様性を持つか調べよ。また，1.1.2項問6の系が空間一様性と時間一様性を持つか調べよ。*65

問 6^{B} 仮定 (1.24) の代わりに仮定 (1.25) を採用した場合において，空間一様性，または，空間等方性を仮定したときの運動方程式をそれぞれ求めよ。

問 7^{C} 仮定 (1.24) の代わりに仮定 (1.26) を採用した場合において，空間一様性と空間等方性の両方を仮定したときの運動方程式を求めよ。また，これらの仮定に時間一様性を加えたときの運動方程式を求めよ。

問 8^{B} N 粒子系の空間並進は，

$$\boldsymbol{x}^{(n)}(t) \longmapsto \boldsymbol{x}^{(n)\prime}(t) := \boldsymbol{x}^{(n)}(t) + \boldsymbol{x}_0 \tag{1.71}$$

空間回転は，原点を空間回転の中心とするなら，

$$\boldsymbol{x}^{(n)}(t) \longmapsto \boldsymbol{x}^{(n)\prime}(t) := \mathbb{P}\cdot\boldsymbol{x}^{(n)}(t) \tag{1.72}$$

時間並進は，

$$\begin{aligned} t &\longmapsto t' := t + t_0 \\ \boldsymbol{x}^{(n)}(t) &\longmapsto \boldsymbol{x}^{(n)\prime}(t') := \boldsymbol{x}^{(n)}(t) \end{aligned} \tag{1.73}$$

$[\,n=1, 2, \ldots, N\,]$ である。これを説明し，置き換え (1.46)，(1.57)，(1.68) に相当する式を求めよ。

1.2.2 空間反転と時間反転の不変性

本項では，系が持つ対称性として，空間反転の不変性，および，時間反転の不変性を考えよう。ただし，

$$\text{点粒子は，空間反転と時間反転に対して不変である。} \tag{1.74}$$

*64 2次元の場合，ベクトル $\boldsymbol{A}$ を $-\frac{\pi}{2}$ 回転させる演算 $^*\!\boldsymbol{A}$ が存在するので，注意が必要である。また，外積はスカラーとなることにも注意しよう。

*65 この系は1次元空間なので，空間等方性は空間反転の不変性と等価になる。これについては，1.2.2項の問4を参照せよ。

とする。[*66] 空間反転と時間反転は，どちらも離散的な変換である。

空間反転の不変性

1つの点粒子の運動と空間反転の関係について考えよう。ただし，ここでは話の流れを明確にするため，空間の次元を3次元に限定する。[*67]

「空間反転の不変性」とは，空間軸の正負を入れ替えても変わらないこと，[*68] すなわち，「ある点，ある直線，あるいは，ある平面を中心に空間を反転させても変わらないこと」である。そこで，議論をしやすくするため，ある点，ある直線，あるいは，ある平面を「空間反転の中心」とよぶことにしよう。そして，空間座標系を，空間反転の中心がある点のときは原点 $[\boldsymbol{x}=\boldsymbol{0}]$，空間反転の中心がある直線のときは x 軸 $[y=z=0]$ または y 軸 $[z=x=0]$ または z 軸 $[x=y=0]$，空間反転の中心がある平面のときは xy 平面 $[z=0]$ または yz 平面 $[x=0]$ または zx 平面 $[y=0]$ となるように取る。これらは全部で7通りあることにも注目されたい。運動がこのような空間反転の不変性を持つためには，(1.74) にて点粒子は空間反転に対して不変と仮定したので，運動方程式が2階微分の場合，運動を記述する一連の方程式 (1.36)･(1.37) が，空間反転

$$
\begin{cases} x(t) \\ y(t) \\ z(t) \end{cases} \longmapsto \begin{cases} x'(t) := \varepsilon_x x(t) \\ y'(t) := \varepsilon_y y(t) \\ z'(t) := \varepsilon_z z(t) \end{cases} \tag{1.75}
$$

の下で変更を受けず，(1.36)･(1.37) と物理的に全く同じ方程式 (1.39)･(1.40) になることが必要十分となる。これは

$$
\mathbb{P}_{\boldsymbol{\varepsilon}} := \begin{pmatrix} \varepsilon_x & 0 & 0 \\ 0 & \varepsilon_y & 0 \\ 0 & 0 & \varepsilon_z \end{pmatrix} \tag{1.76}
$$

とすると，

$$
\boldsymbol{x}(t) \longmapsto \boldsymbol{x}'(t) := \mathbb{P}_{\boldsymbol{\varepsilon}} \cdot \boldsymbol{x}(t) \tag{1.77}
$$

と書くこともできる。$(\varepsilon_x, \varepsilon_y, \varepsilon_z)$ は $(-1,1,1)$，$(1,-1,1)$，$(1,1,-1)$ のいずれか，または，これらの変換をいくつか組み合わせたもので，全部で $2^3-1=7$ 個

[*66] 「古典力学」が成り立つ範囲では，この仮定に反する粒子は観測されていない。

[*67] 1次元空間については，本項の問3で扱う。その他の次元についても要領は同じである。

[*68] 「空間の左右を入れ替えても変わらない。」ということもできる。

あり，先程述べた7通りの空間反転となる。[*69] つまり，（原点，x軸，y軸，z軸，xy平面，yz平面，zx平面を中心とする）空間反転の不変性とは，

$$\text{空間反転 (1.77) に対し，運動方程式は不変。} \tag{1.78}$$

なのである。[*70] ただし，$\varepsilon_x\varepsilon_y\varepsilon_z = 1$ となる空間反転は空間回転 (1.48) で表せるが，$\varepsilon_x\varepsilon_y\varepsilon_z = -1$ となる空間反転は空間回転 (1.48) で表せない。特に，$(\varepsilon_x, \varepsilon_y, \varepsilon_z) = (-1, -1, -1)$，つまり，$\mathbb{P}_{\boldsymbol{\varepsilon}} = -\mathbb{I}$ のときの変換 (1.77)，すなわち，

$$\boldsymbol{x}(t) \longmapsto \boldsymbol{x}'(t) := -\boldsymbol{x}(t) \tag{1.79}$$

は，空間回転 (1.48) と組み合わせると，$\varepsilon_x\varepsilon_y\varepsilon_z = -1$ となる他の空間反転を得ることができるため，重要な空間反転である。

(1.36) が，空間反転 (1.77) の変換後，(1.39) に一致するには，速度 $\boldsymbol{v}(t)$ と加速度 $\boldsymbol{a}(t)$ の変換が，それぞれ，

$$\boldsymbol{v}(t) \longmapsto \boldsymbol{v}'(t) := \mathbb{P}_{\boldsymbol{\varepsilon}}\cdot\boldsymbol{v}(t) \qquad \boldsymbol{a}(t) \longmapsto \boldsymbol{a}'(t) := \mathbb{P}_{\boldsymbol{\varepsilon}}\cdot\boldsymbol{a}(t) \tag{1.80}$$

であればよい。(1.39) は，変換 (1.77)·(1.80) の下で，変換前の (1.36) になるからである。[*71] 一方，2階微分の運動方程式 (1.40) は，変換 (1.77)·(1.80) の下で，

$$\mathbb{P}_{\boldsymbol{\varepsilon}}\cdot\boldsymbol{a}(t) \;=\; \boldsymbol{f}\big(\mathbb{P}_{\boldsymbol{\varepsilon}}\cdot\boldsymbol{x}(t), \mathbb{P}_{\boldsymbol{\varepsilon}}\cdot\boldsymbol{v}(t); t\big) \tag{1.81}$$

となる。したがって，運動が（原点，x軸，y軸，z軸，xy平面，yz平面，zx平面を中心とする）空間反転の不変性を持つためには，座標を $\mathbb{P}_{\boldsymbol{\varepsilon}}$ によって反転した運動方程式 (1.40)，つまり，(1.81) と変換前の運動方程式 (1.37) が同じ運動を記述することが必要十分。よって，

$$\mathbb{P}_{\boldsymbol{\varepsilon}}^{-1}\cdot\boldsymbol{f}\big(\mathbb{P}_{\boldsymbol{\varepsilon}}\cdot\boldsymbol{x}(t), \mathbb{P}_{\boldsymbol{\varepsilon}}\cdot\boldsymbol{v}(t); t\big) \;=\; \boldsymbol{f}\big(\boldsymbol{x}(t), \boldsymbol{v}(t); t\big) \tag{1.82}$$

が成り立つことが必要十分となり，[*72] 起動因子 f_x，f_y，f_z の一般的な関数形は，$x(t)$ と $v_x(t)$，$y(t)$ と $v_y(t)$，$z(t)$ と $v_z(t)$ について，それぞれ，偶関数，また

[*69] 特に，1次元空間の場合，空間等方性は空間反転の不変性と等価になる。

[*70] 「古典力学」が成り立たない世界では，この不変性は壊れている。

[*71] (1.39) は，変換 (1.77)·(1.80) の下で，

$$\frac{\mathrm{d}}{\mathrm{d}t}\big(\mathbb{P}_{\boldsymbol{\varepsilon}}\cdot\boldsymbol{x}(t)\big) \;=\; \mathbb{P}_{\boldsymbol{\varepsilon}}\cdot\boldsymbol{v}(t) \qquad \frac{\mathrm{d}}{\mathrm{d}t}\big(\mathbb{P}_{\boldsymbol{\varepsilon}}\cdot\boldsymbol{v}(t)\big) \;=\; \mathbb{P}_{\boldsymbol{\varepsilon}}\cdot\boldsymbol{a}(t)$$

となり，これらの式の左側から $\mathbb{P}_{\boldsymbol{\varepsilon}}^{-1}\cdot$ を掛けると，(1.36) となる。

[*72] たとえば，孤立系では (1.94)，よって，$\boldsymbol{f}=\boldsymbol{0}$ なので，(1.82) は成り立つ。

は，奇関数となる。偶関数か奇関数かは ε_x, ε_y, ε_z の正負による。[*73] たとえば，$(\varepsilon_x, \varepsilon_y, \varepsilon_z) = (-1, -1, -1)$，つまり，$\mathbb{P}_{\boldsymbol{\varepsilon}} = -\mathbb{I}$ ならば，(1.82) は

$$-\boldsymbol{f}\big(-\boldsymbol{x}(t), -\boldsymbol{v}(t); t\big) = \boldsymbol{f}\big(\boldsymbol{x}(t), \boldsymbol{v}(t); t\big) \tag{1.83}$$

となり，起動因子 $\boldsymbol{f}$ の一般的な関数形は，$\boldsymbol{x}(t)$ と $\boldsymbol{v}(t)$ について奇関数となる。[*74]

以上の結果をまとめると，1粒子系が（原点，x 軸，y 軸，z 軸，xy 平面，yz 平面，zx 平面を中心とする）空間反転の不変性を持つためには，置き換え

$$\boldsymbol{x}(t) \to \mathbb{P}_{\boldsymbol{\varepsilon}} \cdot \boldsymbol{x}(t) \qquad \boldsymbol{v}(t) \to \mathbb{P}_{\boldsymbol{\varepsilon}} \cdot \boldsymbol{v}(t) \qquad \boldsymbol{a}(t) \to \mathbb{P}_{\boldsymbol{\varepsilon}} \cdot \boldsymbol{a}(t) \tag{1.84}$$

の下で運動方程式が変更を受けないことが必要十分となる。特に，2階微分の運動方程式 (1.37) に従う系が空間一様性と空間等方性を持つ場合は，運動方程式は (1.58) となるが，この場合は，さらに，変換 (1.84) の下でも不変になり，空間反転の不変性を持つ。[*75]

時間反転の不変性

1つの点粒子の運動と時間反転の関係について考えよう。

「時間反転の不変性」とは，時間軸の正負を入れ替えても変わらないこと，[*76] すなわち，「ある時刻を中心に時間を反転させても変わらないこと」である。そこで，議論をしやすくするため，ある時刻を「時間反転の中心」とよぶことにしよう。そして，時間座標系を，時間反転の中心が時間軸の原点 $[t=0]$ となるように取る。運動がこのような時間反転の不変性を持つためには，(1.74) にて点粒子は時間反転に対して不変と仮定したので，運動方程式が2階微分の場合，運動を記述する一連の方程式 (1.36)・(1.37) が，時間反転

$$t \longmapsto t' := -t \tag{1.85}$$

の下で変更を受けず，(1.36)・(1.37) と物理的に全く同じ方程式 (1.61)・(1.62) になることが必要十分となる。つまり，時間反転の不変性とは，

$$\text{時間反転 (1.85) に対し，運動方程式は不変。} \tag{1.86}$$

[*73] $x(t)$, $v_x(t)$, $y(t)$, $v_y(t)$, $z(t)$, $v_z(t)$ のそれぞれについて偶関数，または，奇関数になるという意味ではないので注意せよ。$x(t)$ と $v_x(t)$ の偶奇が異なることはない。$y(t)$ と $v_y(t)$，$z(t)$ と $v_z(t)$ についても同様である。

[*74] $\boldsymbol{x}(t)$ と $\boldsymbol{v}(t)$ のそれぞれについて奇関数になるという意味ではないので注意せよ。

[*75] これは，$\varepsilon_x \varepsilon_y \varepsilon_z = 1$ となる空間反転は空間回転でも可能な変換なので，当たり前の結果だが，$\varepsilon_x \varepsilon_y \varepsilon_z = -1$ となる空間反転は空間回転では不可能な変換なので，非自明な結果になる。

[*76]「時間の過去と未来を入れ替えても変わらない。」ということもできる。

なのである。ところで，「過去」と「未来」という言葉があるように，時間には向きがある。しかし，多くの物理現象を詳細に観測してみると，個々の相互作用は，時間反転に対して不変になっている。[*77]

(1.36) が，時間反転 (1.85) の変換後，(1.61) に一致するには，位置 $\boldsymbol{x}(t)$ と速度 $\boldsymbol{v}(t)$ と加速度 $\boldsymbol{a}(t)$ の変換が，それぞれ，

$$\begin{aligned}&\boldsymbol{x}(t) \longmapsto \boldsymbol{x}'(t') := \boldsymbol{x}(t)\\&\boldsymbol{v}(t) \longmapsto \boldsymbol{v}'(t') := -\boldsymbol{v}(t) \qquad \boldsymbol{a}(t) \longmapsto \boldsymbol{a}'(t') := \boldsymbol{a}(t)\end{aligned} \tag{1.87}$$

であればよい。(1.61) は，変換 (1.85)･(1.87) の下で，変換前の (1.36) になるからである。[*78] 一方，2階微分の運動方程式 (1.62) は，変換 (1.85)･(1.87) の下で，

$$\boldsymbol{a}(t) \;=\; \boldsymbol{f}\big(\boldsymbol{x}(t), -\boldsymbol{v}(t); -t\big) \tag{1.88}$$

となる。したがって，運動が(時間軸の原点を中心とする)時間反転の不変性を持つためには，時刻を反転した運動方程式 (1.62)，つまり，(1.88) と変換前の運動方程式 (1.37) が同じ運動を記述することが必要十分。よって，

$$\boldsymbol{f}\big(\boldsymbol{x}(t), -\boldsymbol{v}(t); -t\big) \;=\; \boldsymbol{f}\big(\boldsymbol{x}(t), \boldsymbol{v}(t); t\big) \tag{1.89}$$

が成り立つことが必要十分となり,[*79] 起動因子 $\boldsymbol{f}$ の一般的な関数形は $\boldsymbol{v}(t)$ と t について偶関数となる。[*80]

以上の結果をまとめると，1粒子系が(時間軸の原点を中心とする)時間反転の不変性を持つためには，置き換え

$$\begin{aligned}&t \to -t\\&\boldsymbol{x}(t) \to \boldsymbol{x}(t) \qquad \boldsymbol{v}(t) \to -\boldsymbol{v}(t) \qquad \boldsymbol{a}(t) \to \boldsymbol{a}(t)\end{aligned} \tag{1.90}$$

の下で運動方程式が変更を受けないことが必要十分となる。

---

*77 「古典力学」が成り立たない世界では，この不変性はわずかだが壊れている。

*78 (1.61) は，変換 (1.85)･(1.87) の下で，

$$\frac{\mathrm{d}}{\mathrm{d}(-t)}\boldsymbol{x}(t) \;=\; -\boldsymbol{v}(t) \qquad\qquad \frac{\mathrm{d}}{\mathrm{d}(-t)}\big(-\boldsymbol{v}(t)\big) \;=\; \boldsymbol{a}(t)$$

となるが，$\frac{\mathrm{d}}{\mathrm{d}(-t)} = -\frac{\mathrm{d}}{\mathrm{d}t}$ なので，(1.36) となる。

*79 たとえば，孤立系では (1.94)，よって，$\boldsymbol{f} = \boldsymbol{0}$ なので，(1.89) は成り立つ。

*80 $\boldsymbol{v}(t)$ と t のそれぞれについて偶関数になるという意味ではないので注意せよ。

1.2.2項の演習問題

問 1^{A} $(\varepsilon_x, \varepsilon_y, \varepsilon_z) = (-1, 1, 1)$，$(1, -1, 1)$，$(1, 1, -1)$ による空間反転 (1.77) を組み合わせることで得られる空間反転について，以下の問いに答えよ。

a) 全ての空間反転を導け。

b) $(\varepsilon_x, \varepsilon_y, \varepsilon_z)$ が $(-1, -1, -1)$ のときの空間反転の中心は原点，$(1, -1, -1)$，$(-1, 1, -1)$，$(-1, -1, 1)$ のときの空間反転の中心は，それぞれ，x 軸，y 軸，z 軸，$(-1, 1, 1)$，$(1, -1, 1)$，$(1, 1, -1)$ のときの空間反転の中心は，それぞれ，yz 平面，zx 平面，xy 平面となる。これらを示せ。

c) 空間反転に対して不変な起動因子 f_x, f_y, f_z は x と v_x，y と v_y，z と v_z について偶関数，または，奇関数となる。これを示し，偶関数と奇関数の分類を行え。

問 2^{B} 空間一様性と空間等方性が同時に成り立つときの運動方程式 (1.58) は，空間反転に対し不変になっている。その理由を簡単に述べよ。[*81]

問 3^{A} 1次元空間の運動方程式の等方性について議論せよ。[*82]

問 4^{B} 1.1.1項問5の系と1.1.2項問6の系が空間反転と時間反転の不変性を持つかどうか調べよ。

問 5^{C} 仮定 (1.24) の代わりに仮定 (1.26) を採用した場合において，空間一様性，空間等方性，時間一様性，空間･時間反転の不変性を全て仮定したときの運動方程式を求めよ。[*83]

問 6^{B} 1粒子系のスケール変換は，[*84] 原点を中心とするなら，

$$\begin{aligned} t &\longmapsto t' := \nu t \\ \boldsymbol{x}(t) &\longmapsto \boldsymbol{x}'(t') := \lambda \boldsymbol{x}(t) \end{aligned} \tag{1.91}$$

ただし，$\lambda > 0$, $\nu > 0$, となる。これについて，以下の問いに答えよ。

a) スケール変換 (1.91) に対し，速度 $\boldsymbol{v}(t)$ と加速度 $\boldsymbol{a}(t)$ の変換を求めよ。

b) スケール変換 (1.91) の下で2階微分の運動方程式 (1.37) が不変になる条件を求めよ。

[*81] 時間反転と異なり，空間反転は，要求せずとも自然に得られる性質であることに注目しよう。

[*82] 1次元の場合，空間等方性は空間反転の不変性と等価になる。

[*83] 空間･時間反転の不変性を加える前の議論については，1.2.1項の問7を参照せよ。

[*84]「スケール変換」とは，同じ意味を持つ物理量の大きさを変えるもので，たとえば，(1.91) を N 粒子系にすると，$\boldsymbol{x}^{(n)}(t) \longmapsto \boldsymbol{x}^{(n)\prime}(t') := \lambda^{(n)} \boldsymbol{x}^{(n)}(t)$ ではなく，$\boldsymbol{x}^{(n)}(t) \longmapsto \boldsymbol{x}^{(n)\prime}(t') := \lambda \boldsymbol{x}^{(n)}(t)$ となる。[$n = 1, 2, \ldots, N$]

c)　1.1.1項問5の系がスケール変換 (1.91) の不変性を持つかどうか調べよ。

d)　起動因子が $\boldsymbol{f}\big(\boldsymbol{x}(t), \boldsymbol{v}(t); t\big) = -\omega^2 \boldsymbol{x}(t)$ となる系がスケール変換 (1.91) の不変性を持つかどうか調べよ。ただし，ω は非零の実定数とする。

1.3　慣性の法則

1つの点粒子から構成される孤立系の点粒子（以後はこれを「孤立した点粒子」という。）は，「慣性の法則」[*85]とよばれる次の法則に従う運動をする。

次の性質を持つ座標系が存在する。
【静の慣性】
静止している孤立した点粒子は，静止し続ける。　(1.92)
【動の慣性】
運動している孤立した点粒子は，等速直線運動をする。　(1.93)

この法則は，「静の慣性」と「動の慣性」の2種類の性質が観測される座標系の存在を主張する。[*86] どちらの性質でも，孤立した点粒子の加速度は零，つまり，

$$\boldsymbol{a}(t) = \boldsymbol{0} \tag{1.94}$$

すなわち，

$$\ddot{\boldsymbol{x}}(t) = \boldsymbol{0} \tag{1.95}$$

となる。これを時間について積分してゆくと，

$$\dot{\boldsymbol{x}}(t) = \boldsymbol{v} \tag{1.96}$$

そして

$$\boldsymbol{x}(t) = \boldsymbol{v}t + \boldsymbol{x}_0 \tag{1.97}$$

を得る。[*87] $\boldsymbol{v}$ と $\boldsymbol{x}_0$ は積分定数である。静と動の慣性の違いは速度 $\boldsymbol{v}$ が零か非零かだけである。

[*85] 「Newtonの第1法則」ともよばれる。

[*86] 「静の慣性」と「動の慣性」の2つの性質は，物理的な意味が少し異なるので，本書では区別する。もし2つの性質の対応がよいというのなら，動の慣性の最後は「等速直線運動をする」という表現の代わりに，「運動し続ける」とすべきであろう。

[*87] (1.96) と (1.97) の関係から，等速度運動 (1.96) と等速直線運動 (1.97) が同じ運動であることが理解できる。

静と動の慣性 (1.92) と (1.93) が成り立つ座標系，つまり，$\ddot{\boldsymbol{x}}(t) = \mathbf{0}^{(1.95)}$ が成り立つ座標系を「慣性系」といい，$\ddot{\boldsymbol{x}}(t) = \mathbf{0}^{(1.95)}$ が成り立たない座標系を「非慣性系」という。[*88] 観測者が慣性系にいるときは，観測者は静と動の慣性 (1.92) と (1.93) の 2 つの性質が観測可能になる。[*89] したがって，

慣性の法則は，慣性系という座標系の存在を認める法則である。 (1.98)

ということもできる。ところで，慣性系は運動方程式 (1.27) の起動因子 $\boldsymbol{f}$ が零の座標系なので，空間一様性，空間等方性，時間一様性，空間反転と時間反転の不変性の必要十分条件である (1.44)，(1.54)，(1.66)，(1.82)，(1.89) が全て成り立つ。したがって，慣性系はこれらの対称性が見える座標系であり，[*90] 慣性の法則は，

孤立系は，空間一様性，空間等方性，時間一様性，
および，空間反転と時間反転に対する不変性を持つ。 (1.99)

を意味する。同時に，「系の時間発展が位置と速度だけで決定されること」が示唆され，[*91] よって，仮定 (1.24) が支持される。

このように，慣性の法則は空間や時間の対称性と関係している。本節では，空間や時間の対称性の観点から慣性の法則について調べよう。ただし，点粒子の運動は仮定 (1.24) に基づく 2 階微分の運動方程式 (1.27) に従うものとする。[*92]

1.3.1 静の慣性の法則

静の慣性の法則は「静の慣性$^{(1.92)}$が観測される座標系が存在する。」という法則である。本項では，静の慣性が成り立つ座標系と空間や時間の対称性が成り立つ座標系との関係を調べてみよう。

[*88] 「慣性座標系」の方が正確な言い方だが，「慣性系」という簡略した言い方が定着している。

[*89] このように，孤立した点粒子は，ある決まった運動をする。それが「静の慣性」と「動の慣性」なのだが，任意の座標系でこの運動が見られるわけではなく，そのような座標系の存在を含め，この性質を法則として述べたものが「慣性の法則」である。慣性系も 1.2 節の冒頭で述べた「対称性が見える座標系」の一種なのである。

[*90] 1.2 節の冒頭で述べた議論を思い出そう。

[*91] 残念ながら，導出と言えるまでには至らない。

[*92] この他にも，たとえば，(1.25) や (1.26) のような仮定が考えられるが，これらのときも同様の議論が可能である。（1.3.1 項の問 3, 4 や 1.3.2 項の問 1, 2, 3 を参照せよ。）

静の慣性を実現するため，空間一様性(1.41)と空間等方性(1.50)が同時に成り立つ運動を考えてみよう。1.2.1項の議論によれば，この場合の運動方程式の一般的な形は，仮定 (1.24) のときは，(1.58) である。

ある時刻 $t=t_0$ で $\boldsymbol{v}(t_0)=\boldsymbol{0}$ となる場合，(1.58) より，$\boldsymbol{a}(t_0)=\boldsymbol{0}$ となる。そして，この結果を (1.12) に代入すると，$\boldsymbol{v}(t_0+\Delta t)=\boldsymbol{0}$ となる。さらにこの操作を何回も繰り返すことにより，任意の時刻 t で $\boldsymbol{v}(t)=\boldsymbol{0}$ となる。したがって，運動方程式 (1.58) からは，「静止した点粒子はいつまでも静止し続ける。」という静の慣性(1.92)が得られる。ところで，運動方程式 (1.58) は空間の一様性と等方性の仮定から要求される式であった。それゆえ，静の慣性の法則は，空間の一様性と等方性の仮定から得られる法則と言える。

一方，動の慣性(1.93)は，静の慣性と多少事情が異なる。動の慣性が成り立つためには，等速直線運動，すなわち，任意の時刻 t において $\boldsymbol{a}(t)=\boldsymbol{0}$ となる必要があるのだが，空間の一様性と等方性の仮定から得られる運動方程式 (1.58) だけでは，$\boldsymbol{a}(t)=\boldsymbol{0}$ を得ることはできない。*93 空間の一様性と等方性の仮定だけから動の慣性の法則を得ることはできないのである。この事情は，時間一様性(1.63)を付け加えても変わらない。時間一様性が成り立つためには，(1.69) が必要であり，よって，$\boldsymbol{f}$ は時間に陽に依存しないことが要求される。このとき，(1.58) は，

$$\boldsymbol{a}(t) \;=\; f_v\big(|\boldsymbol{v}(t)|\big)\,\boldsymbol{v}(t) \tag{1.100}$$

となる。つまり，運動方程式 (1.100) は，空間の一様性と等方性に加え，時間の一様性を仮定する場合に一般的に成り立つ運動方程式である。しかも，空間反転の不変性も成り立つ運動方程式になっている。*94 ところが，必ずしも $f_v=0$ になるわけではないので，この場合も $\boldsymbol{a}(t)=\boldsymbol{0}$ になるとは限らない。空間の一様性と等方性，時間の一様性を全て仮定しても動の慣性の法則を得ることはできないのである。*95

*93「動の慣性」なので $\boldsymbol{v}(t)\neq\boldsymbol{0}$ である。よって，(1.58) が $\boldsymbol{a}(t)=\boldsymbol{0}$ を導くことはできない。

*94 空間反転の不変性が自動的に成り立つことになったのは，一部の空間反転が空間回転で表されること，そして，空間回転の不変性，すなわち，空間等方性を運動方程式に課したことが原因である。一方，時間反転の不変性は成り立たないが，これに関しては次項の「動の慣性の法則」の中で議論する。

*95「一連の仮定だけから $f_v=0$ とすることはできない。」と言っているのであり，「$f_v=0$ となる状況は仮定と矛盾する。」と言っているのではない。逆に言えば，$f_v=0$ とするには，新たな仮定が必要になる。それが次項で述べる時間反転の不変性である。

1.3.1 項の演習問題[*96]

問 1[A] 空間一様性の仮定に時間一様性の仮定を加えても静の慣性の法則を得ることはできない。これを説明せよ。

問 2[B] 空間等方性の仮定に時間一様性の仮定を加えても静の慣性の法則を得ることはできない。これを説明せよ。

問 3[B] 仮定 (1.24) の代わりに仮定 (1.25) を採用した場合において，時間一様性を仮定すると，静の慣性の法則を得る。これを示せ。

問 4[C] 仮定 (1.24) の代わりに仮定 (1.26) を採用した場合において，空間の一様性と等方性の両方を仮定すると，静の慣性の法則を得る。これを示せ。[*97]

1.3.2 動の慣性の法則

動の慣性の法則は「動の慣性(1.93)が観測される座標系が存在する。」という法則である。本項では，動の慣性が成り立つ座標系と空間や時間の対称性が成り立つ座標系との関係を調べてみよう。

静の慣性を実現するため，空間の一様性･等方性と時間の一様性を要求して得られた運動方程式 (1.100) に，時間反転の不変性(1.86)を付け加えてみよう。つまり，時間反転の変換 (1.85) に対し，運動方程式 (1.100) が不変になるようにするのである。その結果，(1.100) は (1.94)，すなわち，$\ddot{\boldsymbol{x}}(t)=\boldsymbol{0}$ (1.95)となり，動の慣性(1.93)を得る。このように，動の慣性の法則を得るためには，空間の一様性･等方性と時間の一様性だけでなく，時間反転に対する不変性も必要になる。もちろん，「運動方程式は2階微分の運動方程式，つまり，(1.27)･(1.30) である。」とする仮定が利用されていることも忘れてはならない。[*98] 以上の議論からわかるように，静の慣性(1.92)と動の慣性(1.93)は，5つの仮定; 2階微分の運動方程式(1.27)，空間一様性(1.41)，空間等方性(1.50)，時間一様性(1.63)，時間反転の不変性(1.86)から導かれるものである。特に，静の慣性については，時間一様性(1.63)と時間反転の不変性(1.86)は不要である。静と動の慣性は，成立するために必要な幾何学的な仮定が

---

*96 本項の演習問題は，特に断りがない限り，2階微分の運動方程式 (1.29) が成り立つとする。

*97 空間一様性と空間等方性の両方を仮定したときの運動方程式については，1.2.1項の問7を参照せよ。

*98 たとえば，もし運動方程式が1階微分の運動方程式なら，静の慣性の法則は得られるが，動の慣性の法則は得られない。（本項の問1や問2を参照せよ）

異なるのである。*99 ところで，2階微分の運動方程式(1.27)以外の4つの仮定，空間の一様性と等方性，時間の一様性，時間反転の不変性は，幾何学的な意味合いが強いのに対し，2階微分の運動方程式(1.27)の基になる仮定 (1.24) は，幾何学的な意味合いが弱いことにも注目してほしい。Newton 力学は一番単純な慣性の法則でさえ，完璧無比の美しさを持っているわけではないのである。

逆の言い方をするなら，慣性の法則が観測事実であることから，この世界が，空間の一様性と等方性と空間反転の不変性，および，時間の一様性と時間反転の不変性を持つことが予想できる。*100 また，もし，静の慣性が動の慣性よりも厳密に成り立つ性質ならば，空間と時間は，これら2つの法則で役割が異なることから，出生が異なる物理量かもしれないという予想もできる。慣性の法則という身近な世界で観測される現象から宇宙全体の構造が予想されるのである。*101

1.3.2項の演習問題 *102

問 1B 仮定 (1.24) の代わりに仮定 (1.25) を採用した場合において，空間一様性と時間一様性の両方を仮定すると，慣性の法則を得る。しかし，これはこの節では議論されなかった特殊な性質を持つ。*103 これを説明せよ。

問 2B 仮定 (1.24) の代わりに仮定 (1.25) を採用した場合において，空間一様性と空間等方性の両方を仮定すると，孤立した点粒子は運動することなく，静止したままとなる。等速直線運動は許されない。*104 これを説明せよ。*105

問 3C 仮定 (1.24) の代わりに仮定 (1.26) を採用した場合において，空間一様性

---

*99 もし2階微分の運動方程式(1.27)の基になる仮定 (1.24) が変更されれば，本項の問2や問3のような状況となる。また，空間等方性 (1.50) を捨ててしまうと，問4の状況となり，時間反転の不変性 (1.86) を捨ててしまうと，問5の状況となる。いずれにしても，静の慣性の法則は空間の一様性と等方性から得られるのだが，動の慣性の法則はそう単純にはゆかない。

*100 「慣性の法則からこれらの対称性が得られた。」という断定的な言い方ではないことに注意。

*101 もちろん，宇宙全体ではなく，たまたま局所的に存在するという可能性は否定できない。事実，空間反転と時間反転の不変性は量子力学が成り立つ世界で起きる相互作用によって破られる。また，時間一様性や動の慣性は「ビッグバン」やその後の「宇宙膨張」に代表される宇宙規模の現象によって破られる。その一方，空間一様性と静の慣性については，宇宙全体に存在する対称性のようである。

*102 本項の演習問題は，特に断りがない限り，2階微分の運動方程式 (1.29) が成り立つとする。

*103 ここで登場する特殊な性質は，次節冒頭の記述と仮定 (1.101) で否定される。

*104 これも問1で扱った特殊な性質で，次節冒頭でも述べるように，現実の世界では等速直線運動が観測されるので，仮定 (1.25)，空間一様性･等方性のどちらかは事実と矛盾すると言える。

*105 空間一様性と空間等方性の片方だけを仮定したときの運動方程式については，1.2.1項の問6を参照せよ。

と空間等方性の両方を仮定すると，孤立した点粒子はどのような運動をするだろうか？ また，これらの仮定に時間の一様性と空間･時間反転の不変性の仮定を全て付け加えるとどうなるだろうか？ 動の慣性の法則の観点から議論せよ。*106

問 4[A] 本文の議論では，仮定 (1.24) において空間の一様性･等方性と時間の一様性，および，時間反転の不変性を仮定し，運動方程式 (1.94) を得た。これらの仮定の中から空間等方性の仮定だけを捨てる場合，空間等方性の仮定の代わりに空間反転 (1.79) の不変性の仮定を採用する場合，時間一様性の仮定だけを捨てる場合のそれぞれにおいて，どのような運動方程式が得られるか調べよ。

問 5[A] 空間の一様性･等方性と時間の一様性は成り立つが，時間反転の不変性 (1.86) が成り立たない運動を，具体例を挙げて簡単に説明せよ。

1.4　複数の慣性系と相対性原理

1.3節では慣性の法則を紹介した。これは，慣性系という特別な座標系の存在を認める法則で，しかも，孤立した点粒子はいろいろな速度で運動することを認めている。しかし，後者の主張は曖昧である。そこで，観測事実でもある

1つの孤立した点粒子が異なる速度として
観測される慣性系が複数存在する。　(1.101)

を仮定してこの主張を明確なものとし,*107 複数の慣性系同士の関係について考えよう。そのための手掛かりとして，全ての慣性系は対等，つまり，

全ての慣性系は相対的である。　(1.102)

を仮定する。これを「相対性原理」という。この仮定は，特別な慣性系は存在しないことを主張するため，媒質としての真空を否定する。ところが，現実の世界では，物質が存在するため，「宇宙静止系」なる唯一の絶対的な慣性系が観測されている。それにもかかわらず，今のところ実際に観測される物理現象は宇宙膨張のような宇宙全体に関する現象以外は宇宙静止系とは無関係であり,*108 相対性原

*106 一連の対称性を仮定したときの運動方程式については，1.2.2項の問5を参照せよ。

*107 この仮定は，運動方程式が2階微分の運動方程式であることと無関係ではない。もし運動方程式が1階微分の運動方程式なら，複数の慣性系が存在しないことがあり得るからである。(1.3.2項の問1, 2を参照せよ)

*108 これは，ある種のパラドックスである。

理が成り立っている。このように，相対性原理は理論上必要不可欠な性質ではないが，現実の世界において観測される性質であり，自然な性質でもあるので，この仮定が成り立たない状況は本書では考えないことにする。

1.4.1　相対性原理と座標変換

本項では，異なる2つの慣性系 $(t, \boldsymbol{x})$ と $(t', \boldsymbol{x}')$ を結び付ける座標変換を考えよう。ところで，$(t, \boldsymbol{x})$ を元とする集合，つまり，位置 $\boldsymbol{x}$ と時刻 t の張る実線形空間を「時空」という。位置 $\boldsymbol{x}$ の張る実線形空間が d 次元空間ならば，時空は「$(d+1)$ 次元時空」となる。[*109]

2次元時空の座標変換

最初に，我々が住む3次元空間の世界ではなく，1次元空間の世界の中で2つの慣性系を結び付ける座標変換を考えよう。この場合の時空は2次元時空である。

この世界の点粒子の運動は位置 x と時刻 t によって記述され，静や動の慣性が成り立つ運動は (1.95)，つまり，$\ddot{x}=0$ である。これを時間について積分してゆくと，

$$\dot{x} = v \tag{1.103}$$

そして

$$x = vt + x_0 \tag{1.104}$$

を得る。[*110] v と x_0 は積分定数である。慣性系では空間一様性が成り立つので，空間並進により x_0 の値を自由に変更することができる。この自由度を使うと x_0 の値を零にすることができるが，一度，これを行ってしまうと，基準点を気にしなければならなくなり，空間一様性の性質は2度と使えなくなる。しかし，この問題は，x_0 が現れる前の形 (1.103) に注目し，これを微小変化で表した

$$\mathrm{d}x = v\,\mathrm{d}t \tag{1.105}$$

を利用すると，避けることができる。これは (1.6) の2次元時空版の $\Delta x = v\Delta t$ の Δx と Δt を無限小にしたものである。[*111]

[*109] たとえば，位置の空間が1次元空間ならば，時空は「2次元時空」となり，位置の空間が3次元空間ならば，時空は「4次元時空」となる。

[*110] (1.103) と (1.104) は，それぞれ，(1.96) と (1.97) の2次元時空版である。

[*111] $\Delta x(t) := x(t+\Delta t) - x(t)$ である。後に続く (1.108) や (1.111)·(1.112) 等も同様で，$\mathrm{d} \leftrightarrow \Delta$ の対応がある。

次に，2つの慣性系 (t,x) と (t',x') について考えよう。同一の点粒子の運動を異なる2つの慣性系によって記述した場合，片方の慣性系 (t,x) で (1.103) と (1.104) が成り立つならば，もう片方の慣性系 (t',x') についても，やはり同じ式，

$$\dot{x}' = v' \tag{1.106}$$

そして

$$x' = v't' + x'_0 \tag{1.107}$$

を得る。v' と x'_0 は積分定数である。[*112] (1.105) に対応するものは，

$$\mathrm{d}x' = v'\mathrm{d}t' \tag{1.108}$$

である。

2つの慣性系 (t,x) と (t',x') を結び付ける座標変換は，(1.104) と (1.107) を結び付け，かつ，相対性原理[(1.102)] を満たす変換である。ところで，(1.104) と (1.107) はどちらも位置 x と時刻 t について1次式で，相対性原理[(1.102)] によれば，どちらの座標系も対等。これらを満足する単純な座標変換は線形変換ぐらいしかない。[*113] したがって，2つの慣性系を結び付ける座標変換は，

$$x' = Rx - Vt - X_0 \tag{1.109}$$
$$t' = -Ux + Ct - T_0 \tag{1.110}$$

となる。これらは，微小変化で表すと，

$$\mathrm{d}x' = R\mathrm{d}x - V\mathrm{d}t \tag{1.111}$$
$$\mathrm{d}t' = -U\mathrm{d}x + C\mathrm{d}t \tag{1.112}$$

となり，[*114] ベクトルと行列を使って表すと，

$$\begin{pmatrix} \mathrm{d}x' \\ \mathrm{d}t' \end{pmatrix} = \begin{pmatrix} R & -V \\ -U & C \end{pmatrix} \cdot \begin{pmatrix} \mathrm{d}x \\ \mathrm{d}t \end{pmatrix} \tag{1.113}$$

---

*112 静や動の慣性が成り立つ運動を考えているので，v と v' は時間について定数である。

*113 線形変換は逆変換も同じ線形変換となる。その他の変換の場合，たとえば，2乗をすれば，逆変換は平方根を取らなければならないし，指数関数を使えば逆変換は対数関数を使わなければならない。線形変換以外の逆変換は同じ形になることはないのである。（「線形変換以外の座標変換についても相対性原理が成り立つ。」とする仮定は「一般相対性原理」と呼ばれ，重力を含む理論，いわゆる，「一般相対性理論」に発展する。それには，慣性系という概念の拡張（等価原理）だけでなく，特殊相対性理論の基礎である光速度不変の原理も必要になるが，Newton 力学では光速度不変の原理を否定するので，本書では一般相対性原理は扱わない。）

*114 V と U の前のマイナス記号に深い意味はない。「座標系 (t,x) から座標系 (t',x') を見たとき，座標系 (t',x') で静止した点粒子は速度 V で運動する。」としただけのことである。

となる。ただし，R，V，U，C，X_0，T_0 は，いずれも実定数である。(1.111)・(1.112) と (1.113) は，X_0 と T_0 が現れないため，その分，変数が少ない。そこで，これ以後はこれらを使うことにしよう。ところで，座標変換 (1.111)・(1.112) は (1.105) と (1.108) を満足し，なおかつ，相対性原理(1.102) を満たさなければならない。(1.105) と (1.108) において (1.111)・(1.112) を利用すると，2つの慣性系を結ぶ条件として，

$$Rv - V = (-Uv + C)v' \tag{1.114}$$

を得る。また，相対性原理(1.102) が成り立つならば，係数は異なるが，逆変換も (1.113) と同じ形

$$\begin{pmatrix} \mathrm{d}x \\ \mathrm{d}t \end{pmatrix} = \begin{pmatrix} R' & -V' \\ -U' & C' \end{pmatrix} \cdot \begin{pmatrix} \mathrm{d}x' \\ \mathrm{d}t' \end{pmatrix} \tag{1.115}$$

となり，このときも，2つの慣性系を結ぶ条件として，(1.114) と同じ形

$$R'v' - V' = (-U'v' + C')v \tag{1.116}$$

を得る。また，(1.113) と (1.115) より，

$$\begin{pmatrix} R & -V \\ -U & C \end{pmatrix}^{-1} = \begin{pmatrix} R' & -V' \\ -U' & C' \end{pmatrix} \tag{1.117}$$

を得る。これらが R，V，U，C，R'，V'，U'，C' が満たすべき条件である。

以上をまとめると，

> 2つの慣性系 (t, x) と (t', x') を結び付け，相対性原理 (1.102) を満たす座標変換は，(1.113)・(1.115) である。ただし，R，V，U，C，R'，V'，U'，C' は (1.114)・(1.116) と (1.117) を満たす実定数。　(1.118)

となる。

4次元時空の座標変換※

次に，2次元時空の座標変換を4次元時空の座標変換へ拡張してみよう。この場合の空間は3次元空間である。基本的な議論は2次元時空のときと同様で，違いと言えば，位置 x や速度 v が3次元ベクトル $\boldsymbol{x}$ や $\boldsymbol{v}$ になることだけである。

この世界の点粒子の運動は位置 $\boldsymbol{x}$ と時刻 t によって記述され，静や動の慣性が成り立つ運動は (1.95) である。これを時間について積分してゆくと，

$$\dot{\boldsymbol{x}} = \boldsymbol{v} \tag{1.119}$$

そして

$$\boldsymbol{x} = \boldsymbol{v}t + \boldsymbol{x}_0 \tag{1.120}$$

を得る。[115] $\boldsymbol{v}$ と $\boldsymbol{x}_0$ は積分定数ベクトルである。また，2次元時空の (1.105) を得たときと同様にすると，

$$\mathrm{d}\boldsymbol{x} = \boldsymbol{v}\,\mathrm{d}t \tag{1.121}$$

を得る。これは (1.6) の $\Delta\boldsymbol{x} = \boldsymbol{v}\Delta t$ の $\Delta\boldsymbol{x}$ と Δt を無限小にしたものである。[116]

次に，2つの慣性系 $(t, \boldsymbol{x})$ と $(t', \boldsymbol{x}')$ について考えよう。同一の点粒子の運動を異なる2つの慣性系によって記述した場合，片方の慣性系 $(t, \boldsymbol{x})$ で (1.119) と (1.120) が成り立つならば，もう片方の慣性系 $(t', \boldsymbol{x}')$ についても，やはり同じ式，

$$\dot{\boldsymbol{x}}' = \boldsymbol{v}' \tag{1.122}$$

そして

$$\boldsymbol{x}' = \boldsymbol{v}'t' + \boldsymbol{x}'_0 \tag{1.123}$$

を得る。$\boldsymbol{v}'$ と $\boldsymbol{x}'_0$ は積分定数ベクトルである。[117] (1.121) に対応するものは，

$$\mathrm{d}\boldsymbol{x}' = \boldsymbol{v}'\mathrm{d}t' \tag{1.124}$$

である。(1.121) と (1.124) は，それぞれ，2次元時空のときの (1.105) と (1.108) に相当する式である。

2つの慣性系 $(t, \boldsymbol{x})$ と $(t', \boldsymbol{x}')$ を結び付ける線形変換は，2次元時空のときの (1.109)·(1.110) を拡張した形，

$$\boldsymbol{x}' = \mathbb{R}\cdot\boldsymbol{x} - \boldsymbol{V}t - \boldsymbol{X}_0 \tag{1.125}$$

$$t' = -\boldsymbol{U}\cdot\boldsymbol{x} + Ct - T_0 \tag{1.126}$$

---

[115] (1.119) と (1.120) は，それぞれ，(1.96) と (1.97) と同じ式である。

[116] $\Delta\boldsymbol{x}(t) := \boldsymbol{x}(t+\Delta t) - \boldsymbol{x}(t)$ である。後に続く (1.124) や (1.127)·(1.128) 等も同様で，$\mathrm{d} \leftrightarrow \Delta$ の対応がある。

[117] 静や動の慣性が成り立つ運動を考えているので，$\boldsymbol{v}$ と $\boldsymbol{v}'$ は時間について定数ベクトルである。

となる。これらは，微小変化で表すと，

$$\mathrm{d}\boldsymbol{x}' = \mathbb{R}\cdot\mathrm{d}\boldsymbol{x} - \boldsymbol{V}\mathrm{d}t \tag{1.127}$$
$$\mathrm{d}t' = -\boldsymbol{U}\cdot\mathrm{d}\boldsymbol{x} + C\mathrm{d}t \tag{1.128}$$

となり,*118 ベクトルと行列を使って表すと，

$$\begin{pmatrix}\mathrm{d}\boldsymbol{x}' \\ \mathrm{d}t'\end{pmatrix} = \begin{pmatrix}\mathbb{R} & -\boldsymbol{V} \\ -\boldsymbol{U}^{\mathrm{T}} & C\end{pmatrix}\cdot\begin{pmatrix}\mathrm{d}\boldsymbol{x} \\ \mathrm{d}t\end{pmatrix} \tag{1.129}$$

となる。ただし，C と T_0 は実定数，$\boldsymbol{V}$ と $\boldsymbol{U}$ と $\boldsymbol{X}_0$ は実定数ベクトル，$\mathbb{R}$ は実定数行列である。(1.127)·(1.128) と (1.129) は，$\boldsymbol{X}_0$ と T_0 が現れないため，その分，変数が少ない。そこで，以後はこれらを使うことにする。ところで，座標変換 (1.127)·(1.128) は (1.121) と (1.124) を満足し，相対性原理(1.102) を満たさなければならない。(1.121) と (1.124) において (1.127)·(1.128) を利用すると，2つの慣性系を結ぶ条件として，

$$\mathbb{R}\cdot\boldsymbol{v} - \boldsymbol{V} = (-\boldsymbol{U}\cdot\boldsymbol{v} + C)\boldsymbol{v}' \tag{1.130}$$

を得る。また，相対性原理(1.102) が成り立つならば，係数は異なるが，逆変換も (1.129) と同じ形

$$\begin{pmatrix}\mathrm{d}\boldsymbol{x} \\ \mathrm{d}t\end{pmatrix} = \begin{pmatrix}\mathbb{R}' & -\boldsymbol{V}' \\ -\boldsymbol{U}'^{\mathrm{T}} & C'\end{pmatrix}\cdot\begin{pmatrix}\mathrm{d}\boldsymbol{x}' \\ \mathrm{d}t'\end{pmatrix} \tag{1.131}$$

となり，このときも，2つの慣性系を結ぶ条件として，(1.130) と同じ形

$$\mathbb{R}'\cdot\boldsymbol{v}' - \boldsymbol{V}' = (-\boldsymbol{U}'\cdot\boldsymbol{v}' + C')\boldsymbol{v} \tag{1.132}$$

を得る。また，(1.129) と (1.131) より，

$$\begin{pmatrix}\mathbb{R} & -\boldsymbol{V} \\ -\boldsymbol{U}^{\mathrm{T}} & C\end{pmatrix}^{-1} = \begin{pmatrix}\mathbb{R}' & -\boldsymbol{V}' \\ -\boldsymbol{U}'^{\mathrm{T}} & C'\end{pmatrix} \tag{1.133}$$

を得る。これらが $\mathbb{R}$, $\boldsymbol{V}$, $\boldsymbol{U}$, C, $\mathbb{R}'$, $\boldsymbol{V}'$, $\boldsymbol{U}'$, C' が満たすべき条件である。(1.130)·(1.132) と (1.133) は，それぞれ，2次元時空のときの (1.114)·(1.116) と (1.117) に相当する式である。

*118 (1.111)·(1.112) のときと同様，$\boldsymbol{V}$ と $\boldsymbol{U}$ の前のマイナス記号に深い意味はない。

以上をまとめると，

$$2\text{つの慣性系}\,(t,\boldsymbol{x})\,\text{と}\,(t',\boldsymbol{x}')\,\text{を結び付け，相対性原理}\,(1.102)$$
を満たす座標変換は，(1.129)･(1.131) である。ただし，
$\mathbb{R}$，$\boldsymbol{V}$，$\boldsymbol{U}$，C，$\mathbb{R}'$，$\boldsymbol{V}'$，$\boldsymbol{U}'$，C' は (1.130)･(1.132) と
(1.133) を満たす実定数行列，実定数ベクトル，実定数。 (1.134)

となる。

1.4.1 項の演習問題

問 1[A] 2 つの慣性系を結ぶ条件 (1.114)･(1.116) を導け。また，相対性原理[(1.102)] から得られる条件 (1.117) を導け。ただし，2 つの慣性系 (t,x) と (t',x') を結ぶ座標変換を (1.113)･(1.115) とする。R，V，U，C，R'，V'，U'，C' は，いずれも v と v' に依存する実定数で，v と v' は，それぞれ，慣性系 (t,x) と (t',x') から同じ 1 つの点粒子を見たときの速度である。

1.4.2 絶対時間と Galilei 変換

前項では，相対性原理 (1.102) を仮定し，2 つの慣性系を結ぶ座標変換に制限を与えた。しかし，これだけでは座標変換の形を一意的に決定することができない。たとえば，$(d+1)$ 次元時空ならば，(1.113) や (1.129) の右辺の行列のように $(d+1)^2$ 個のパラメーターが存在するが，これらは (1.114) や (1.130) のように d 個の条件で縛られる。ここで，$\mathrm{d}\boldsymbol{x}$ のスケールや向きを変える自由度を無視することにしよう。これは d^2 個のパラメーターによって表される。[*119] その結果，$(d+1)^2-d-d^2=d+1$ 個の決定できないパラメーターが残る。[*120]

そこで，残された自由度を固定するため，次の仮定を追加しよう。

時刻の進み方は，どの慣性系でも同じである。 (1.135)

つまり，同一の点粒子を 2 つの異なる慣性系で記述したときの座標系 $(t,\boldsymbol{x})$ と $(t',\boldsymbol{x}')$ において，常に，

$$\mathrm{d}t' \;=\; \mathrm{d}t \tag{1.136}$$

*119 (1.137) の R や (1.142) の $\mathbb{R}$ がこれに相当する。

*120 この内の 1 個は時間 $\mathrm{d}t$ のスケールを変更する自由度（(1.112) と (1.128) の C がこれに相当する。）なので，d 個のパラメーターが実質的に決定すべきパラメーターになる。

を仮定する。この仮定を満たす時間を「絶対時間」という。

2次元時空の Galilei 変換

絶対時間を仮定するならば，(1.136) と (1.112) より，$U=0$，$C=1$ が常に成り立つ。これは，この項の冒頭で述べた「残された (1+1) 個のパラメーター」を固定したことになる。ところで，変換 (1.111) は，2つの座標変換

$$\mathrm{d}x' = R\mathrm{d}x \tag{1.137}$$

と

$$\mathrm{d}x' = \mathrm{d}x - V\mathrm{d}t \tag{1.138}$$

から構成される。[*121] 前者 (1.137) は，この項の冒頭で述べた「空間座標のスケールを変える 1^2 個の座標変換」で，後者 (1.138) は，「Galilei 変換」とよばれる座標変換である。V は，慣性系 (t,x) から慣性系 (t',x') を眺めたときの速度と考えることができる。この速度を座標系間の「相対速度」という。[*122] また，逆変換も $U'=0$，$C'=1$ が常に成り立ち，

$$\mathrm{d}x = R'\mathrm{d}x' \tag{1.139}$$

と

$$\mathrm{d}x = \mathrm{d}x' - V'\mathrm{d}t \tag{1.140}$$

の2つの座標変換から構成される。前者 (1.139) は，(1.137) と同様，空間座標のスケールを変える座標変換で，後者 (1.140) は，(1.138) と同様，「Galilei 変換」とよばれる座標変換である。

Galilei 変換 (1.138) と (1.140) は，それぞれ，(1.113) と (1.115) に含まれる変換なので，(1.114) と (1.116) と (1.117) を満足する必要がある。(1.114) からは $V=v-v'$，(1.116) からは $V'=v'-v$，(1.117) からは $V=-V'$，よって，

$$V = -V' = v - v' \tag{1.141}$$

を得る。[*123]

[*121] このことは，写像 $x \mapsto \tilde{x}$ ($\mathrm{d}\tilde{x} := R\mathrm{d}x$) と写像 $\tilde{x} \mapsto x'$ ($\mathrm{d}x' := \mathrm{d}\tilde{x} - V\mathrm{d}t$) の合成写像 $x \mapsto x'$ が (1.111) となることから理解できる。

[*122] 座標系 (t',x') で静止した点粒子の運動は $\mathrm{d}x'=0$ である。これを (1.138) に代入すると，$\mathrm{d}x=V\mathrm{d}t$ を得るが，これは，座標系 (t,x) の中を点粒子が速度 V で運動していることを意味する。一方，座標系 (t,x) で静止した点粒子の運動は $\mathrm{d}x=0$ である。これを (1.138) に代入すると，$\mathrm{d}x' = -V\mathrm{d}t$ を得るが，これは，座標系 (t',x') の中を点粒子が速度 $-V$ で運動していることを意味する。これらの速度が座標系間の「相対速度」である。

[*123] この関係は (1.111) ではなく，(1.138) のときに成り立つ関係である。

4次元時空のGalilei変換※

次に，2次元時空の議論を4次元時空の議論へ拡張してみよう。絶対時間を仮定するならば，(1.136) と (1.128) より，$\boldsymbol{U}=\boldsymbol{0}$，$C=1$ が常に成り立つ。これは，この項の冒頭で述べた「残された (3+1) 個のパラメーター」を固定したことになる。ところで，変換 (1.127) は，2つの座標変換

$$\mathrm{d}\boldsymbol{x}' = \mathbb{R}\cdot\mathrm{d}\boldsymbol{x} \tag{1.142}$$

と

$$\mathrm{d}\boldsymbol{x}' = \mathrm{d}\boldsymbol{x} - \boldsymbol{V}\mathrm{d}t \tag{1.143}$$

から構成される。[*124] 前者 (1.142) はこの項の冒頭で述べた「空間座標のスケールと向きを変える 3^2 個の座標変換」で，後者 (1.143) は「Galilei変換」とよばれる座標変換である。$\boldsymbol{V}$ は，慣性系 $(t,\boldsymbol{x})$ から慣性系 $(t',\boldsymbol{x}')$ を眺めたときの速度と考えることができる。この速度を座標系間の「相対速度」という。[*125] また，逆変換も $\boldsymbol{U}'=\boldsymbol{0}$，$C'=1$ が常に成り立ち，

$$\mathrm{d}\boldsymbol{x} = \mathbb{R}'\cdot\mathrm{d}\boldsymbol{x}' \tag{1.144}$$

と

$$\mathrm{d}\boldsymbol{x} = \mathrm{d}\boldsymbol{x}' - \boldsymbol{V}'\mathrm{d}t \tag{1.145}$$

の2つの座標変換から構成される。前者 (1.144) は，(1.142) と同様，空間座標のスケールと向きを変える座標変換で，後者 (1.145) は，(1.143) と同様，「Galilei変換」とよばれる座標変換である。

Galilei変換 (1.143) と (1.145) は，それぞれ，(1.129) と (1.131) に含まれる変換なので，(1.130) と (1.132) と (1.133) を満足する必要がある。(1.130) からは $\boldsymbol{V}=\boldsymbol{v}-\boldsymbol{v}'$，(1.132) からは $\boldsymbol{V}'=\boldsymbol{v}'-\boldsymbol{v}$，(1.133) からは $\boldsymbol{V}=-\boldsymbol{V}'$，よって，

$$\boldsymbol{V} = -\boldsymbol{V}' = \boldsymbol{v} - \boldsymbol{v}' \tag{1.146}$$

を得る。[*126]

---

*124 このことは，写像 $\boldsymbol{x}\mapsto\tilde{\boldsymbol{x}}$ $(\mathrm{d}\tilde{\boldsymbol{x}} := \mathbb{R}\cdot\mathrm{d}\boldsymbol{x})$ と写像 $\tilde{\boldsymbol{x}}\mapsto\boldsymbol{x}'$ $(\mathrm{d}\boldsymbol{x}' := \mathrm{d}\tilde{\boldsymbol{x}} - \boldsymbol{V}\mathrm{d}t)$ の合成写像 $\boldsymbol{x}\mapsto\boldsymbol{x}'$ が (1.127) となることから理解できる。

*125 脚注(*122)と同じ。ただし，位置 x と x'，速度 V を3次元ベクトルに変更する。

*126 この関係は (1.127) ではなく，(1.143) のときに成り立つ関係である。

Galilei変換の性質

座標変換がGalilei変換である条件 (1.138)・(1.143) は，どちらも，

$$\dot{\boldsymbol{x}}' = \dot{\boldsymbol{x}} - \boldsymbol{V} \qquad \text{ただし，} \boldsymbol{V} = \boldsymbol{v} - \boldsymbol{v}' \tag{1.147}$$

または，

$$\ddot{\boldsymbol{x}}' = \ddot{\boldsymbol{x}} \tag{1.148}$$

と言い換えることもできる。Galilei変換は，座標系 $(t, \boldsymbol{x})$ の点粒子の速度 $\dot{\boldsymbol{x}}(t)$ と座標系 $(t', \boldsymbol{x}')$ の点粒子の速度 $\dot{\boldsymbol{x}}'(t')$ の差が座標系同士の相対速度である定数ベクトル $\boldsymbol{V}$ となり，座標系 $(t, \boldsymbol{x})$ の点粒子の加速度 $\ddot{\boldsymbol{x}}(t)$ が座標系 $(t', \boldsymbol{x}')$ の点粒子の加速度 $\ddot{\boldsymbol{x}}'(t')$ に一致する変換なのである。(1.148) は (1.147) を時刻 t について微分したものである。逆に，(1.138)・(1.143) を積分すると，

$$\boldsymbol{x}' - \boldsymbol{x}'_0 = \boldsymbol{x} - \boldsymbol{x}_0 - \boldsymbol{V}(t - t_0) \tag{1.149}$$

となり，少し整理すると，

$$\boldsymbol{x}' = \boldsymbol{x} - \boldsymbol{V}t - \boldsymbol{X}_0 \tag{1.150}$$

となる。[*127] これは (1.138)・(1.143) と等価なので，これをGalilei変換の定義とすることもできる。[*128] 定数ベクトル $\boldsymbol{X}_0$ は，空間方向の並進を表すパラメーターで，積分定数 $\boldsymbol{x}_0$, $\boldsymbol{x}'_0$, t_0 と $\boldsymbol{X}_0 = \boldsymbol{x}_0 - \boldsymbol{x}'_0 - \boldsymbol{V}t_0$ という関係にある。

ところで，Galilei変換の性質 (1.141)・(1.146) は，相対性原理そのものを表しており，それゆえ，相対性原理の当然の帰結に見えるが，相対性原理だけから得られる性質ではないので注意しよう。相対性原理は慣性系を結び付ける変換が線形変換であることを要求するが，Galilei変換の性質 (1.141)・(1.146) は，ここに絶対時間の仮定 (1.136) を加えることで得られる性質なのである。

Newton力学と相対性理論

Galilei変換は，「異なる2つの慣性系を結び付ける変換」という条件だけで得られる変換ではなく，相対性原理(1.102)，および，絶対時間(1.135)という2つの仮定

---

*127 (1.150) は，(1.147) を時刻 t で積分して得ることもできる。

*128 空間並進 (1.38) の場合は，座標系 $\boldsymbol{x}'$ は座標系 $\boldsymbol{x}$ から見て，$-\boldsymbol{x}_0$ の位置にあるが，(1.150) の場合は，$\boldsymbol{V}t + \boldsymbol{X}_0$ の位置にあることに注意しよう。（2つの座標系の位置関係は反対になるが，本質的な問題ではない。）

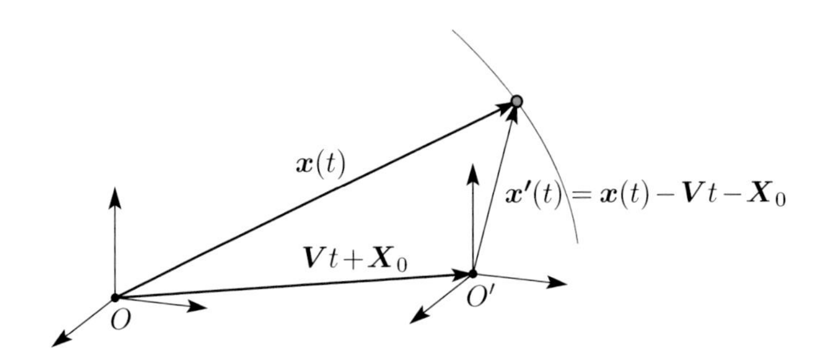

図 1.5 点粒子の運動の軌跡と Galilei 変換 (1.150)。(点 O は $\boldsymbol{x}$ 座標系の原点，点 O' は $\boldsymbol{x}'$ 座標系の原点。)

を加えて初めて定まる変換である。Galilei 変換を持つ力学を「Newton 力学」という。これに対して，絶対時間(1.135)の代わりに光速度不変の原理を採用すると，Lorentz 変換とよばれる変換を得るが,*129 この変換を持つ力学を「特殊相対性理論」という。*130

1.4.2 項の演習問題

問 1A 絶対時間の仮定(1.136)が成り立つとき，2 つの慣性系を結ぶ条件 (1.114)·(1.116) と相対性原理から要求される条件 (1.117) を簡単な形にせよ。*131

問 2A 変換 (1.111) は，2 つの座標変換 (1.137) と (1.138) をその一部に含み，これらの変換から構成される座標変換である。これを示せ。

問 3A Galilei 変換 (1.138) は絶対時間を仮定して得られる線形変換である。これは, (1.113) と (1.115) に含まれる線形変換なので, (1.114)·(1.116) と (1.117) を満足する必要があり, (1.114)·(1.116) からは, それぞれ, $V = v - v'$ と $V' = v' - v$ を，(1.117) からは $V = -V'$ を得る。これを示せ。

問 4A $\boldsymbol{V} = \boldsymbol{v} - \boldsymbol{v}'$ は慣性系 $(t, \boldsymbol{x})$ に静止する点粒子から慣性系 $(t', \boldsymbol{x}')$ に静止する点粒子を見たときの速度である。その理由を述べよ。

問 5B まっすぐで川幅がどこも同じ川がある。川の流れは，どの場所も同じ速

*129 本書では Lorentz 変換については扱わない。

*130 Newton 力学と特殊相対性理論は，どちらも同じ相対性原理(1.102)に基づく理論である。相対性理論だけが相対性原理に従っている訳ではないので，注意しよう。

*131 絶対時間の仮定(1.136)が成り立つとき，$U = 0$，$C = 1$ が成り立つ。

さVとする。今，ここに，静止した水に対して常に一定の速さvで進む船があり，この船が川を渡る。これについて以下の問いに答えよ。[*132]

a) 船が対岸へ最短距離で渡るときに船が向けるべき方向を求めよ。[*133]

b) 船が出発する点をA，Aから見て川と垂直な位置にある対岸の点をBとする。点Aから出発した船が，船を常に点Bに向け，速さ$v=V$で進むとき，船が対岸に到達する場所を求めよ。

問6^{C} 相対性原理によれば，全ての慣性系は対等である。このことは局所的な観測で確認されている事実だが，宇宙全体を見ると星々はほぼ静止しており，宇宙静止系なる特別な慣性系が存在する。[*134] この問題について議論せよ。

1.5 非慣性系

非慣性系は，慣性系$(t,\boldsymbol{x})$から(1.127)以外の座標変換によって得られる座標系である。この座標変換は，「一般座標変換」とよばれ，絶対時間の仮定(1.136)が成り立つときは，慣性系の座標を$(t,\boldsymbol{x})$，非慣性系の座標を$(t,\boldsymbol{\xi})$とすると，

$$\boldsymbol{\xi} = \boldsymbol{\sigma}(\boldsymbol{x};t) \tag{1.151}$$

となり，逆変換は，

$$\boldsymbol{x} = \boldsymbol{q}(\boldsymbol{\xi};t) \tag{1.152}$$

となる。[*135] 1つの非慣性系は，互いに逆関数の関係にある2つの関数$\boldsymbol{\sigma}(\boldsymbol{x};t)$と$\boldsymbol{q}(\boldsymbol{\xi};t)$を1組，[*136] 指定することで決まる。(1.151)を(1.127)と同じ形で表すならば，

$$\mathrm{d}\boldsymbol{\xi} = \mathrm{d}\boldsymbol{x}\cdot\boldsymbol{\nabla}\boldsymbol{\sigma}(\boldsymbol{x};t) + \mathrm{d}t\,\frac{\partial\boldsymbol{\sigma}(\boldsymbol{x};t)}{\partial t} \tag{1.153}$$

となる。[*137] この変換のR_{ij}とV_iに相当する$\nabla_j\sigma_i(\boldsymbol{x};t)$と$-\frac{\partial\sigma_i(\boldsymbol{x};t)}{\partial t}$は位置$\boldsymbol{x}$と時刻$t$に依存しており，線形変換ではない。(1.152)についても同様である。

*132 運動方程式が$\boldsymbol{v}=\boldsymbol{f}(\boldsymbol{x})$となる問題である。

*133 $v>V$と$v<V$の場合分けをする必要がある。

*134 星々はいろいろな速度で運動しているが，これらの速さは，たとえば光速に比べれば非常に小さく，静止しているとみなすことができる。特に，ビッグバンの終了後に放射された光である宇宙背景輻射は宇宙静止系の存在を決定的に支持する。

*135 これらは，$\boldsymbol{\xi}=\boldsymbol{\sigma}\big(\boldsymbol{q}(\boldsymbol{\xi};t);t\big)$，$\boldsymbol{x}=\boldsymbol{q}\big(\boldsymbol{\sigma}(\boldsymbol{x};t);t\big)$という関係にある。

*136 $\boldsymbol{\sigma}(\boldsymbol{x};t)$と$\boldsymbol{q}(\boldsymbol{\xi};t)$の両方の関数の具体的な形が得られている必要はない。

*137 $\boldsymbol{\nabla}:=\frac{\partial}{\partial\boldsymbol{x}}$である。

1.5.1 等加速度座標系

3次元空間内を等加速度運動するCartesian座標系(ξ,η,ζ)を考えよう。2次元空間と1次元空間内の等加速度運動の座標系は，以下において$\mathbf{e}_z=\mathbf{0}$，または，$\mathbf{e}_y=\mathbf{e}_z=\mathbf{0}$とおくだけで得られるので，省略する。慣性系$(t,\boldsymbol{x})$から加速度$\boldsymbol{A}$の等加速度座標系$(t,\xi,\eta,\zeta)$に移る変換(1.152)は，

$$\boldsymbol{x}(t) \;=\; \boldsymbol{\xi}(t)+\boldsymbol{V}t+\frac{1}{2}\boldsymbol{A}t^2 \qquad \boldsymbol{\xi}(t) \;=\; \xi(t)\mathbf{e}_x+\eta(t)\mathbf{e}_y+\zeta(t)\mathbf{e}_z \tag{1.154}$$

である。[*138] ただし，$\boldsymbol{V}$と$\boldsymbol{A}$は時間に依存しない定数ベクトルで，$\boldsymbol{A}\neq\mathbf{0}$である。そして，この座標系の速度と加速度は，

$$\begin{aligned}\dot{\boldsymbol{x}}(t) &= (\dot{\xi}+V_x+A_xt)\mathbf{e}_x+(\dot{\eta}+V_y+A_yt)\mathbf{e}_y+(\dot{\zeta}+V_z+A_zt)\mathbf{e}_z\\ &= \dot{\boldsymbol{\xi}}(t)+\boldsymbol{V}+\boldsymbol{A}t \qquad (1.155)\\ \ddot{\boldsymbol{x}}(t) &= (\ddot{\xi}+A_x)\mathbf{e}_x+(\ddot{\eta}+A_y)\mathbf{e}_y+(\ddot{\zeta}+A_z)\mathbf{e}_z\\ &= \ddot{\boldsymbol{\xi}}(t)+\boldsymbol{A} \qquad (1.156)\end{aligned}$$

となる。この結果から，$\boldsymbol{A}$が等加速度座標系の加速度であることが理解できる。

ところで，(1.156)は(1.148)とは異なるので，Galilei変換ではない。つまり，座標系(t,ξ,η,ζ)は非慣性系である。

1.5.1項の演習問題

問 1^{A} 等加速度座標系の速度と加速度(1.155)と(1.156)を導け。

1.5.2 2次元回転座標系

原点を中心にして一定の角速度で回転する2次元Cartesian座標系(ξ,η)を考えよう。これは一定の角速度$[\omega:=\dot{\varphi}]$を持つ2次元回転座標系である。したがって，慣性系$(t,\boldsymbol{x})$から角速度ωのこの座標系に移る変換(1.152)は，

$$\boldsymbol{x}(t) \;=\; \xi(t)\mathbf{e}_\xi+\eta(t)\mathbf{e}_\eta \tag{1.157}$$

[*138] (1.154)の場合，座標系(t,ξ,η,ζ)は座標系$(t,\boldsymbol{x})$から見て，$\boldsymbol{V}t+\frac{1}{2}\boldsymbol{A}t^2$の位置にあることに注意しよう。また，(1.154)は，$\boldsymbol{\xi}(t)=\boldsymbol{x}'(t)+\boldsymbol{X}_0$，$\boldsymbol{A}=\mathbf{0}$とすると，(1.150)となる。座標変換(1.154)とGalilei変換(1.150)の違いは加速度$\boldsymbol{A}$の存在だけなのである。

となる。ただし，$\mathbf{e}_\xi$ と $\mathbf{e}_\eta$ は，

$$\begin{aligned}\mathbf{e}_\xi &:= \cos(\omega t)\mathbf{e}_x + \sin(\omega t)\mathbf{e}_y \\ \mathbf{e}_\eta &:= -\sin(\omega t)\mathbf{e}_x + \cos(\omega t)\mathbf{e}_y\end{aligned} \tag{1.158}$$

である。[*139] また，回転座標系の角速度 ω は，時間に依存しない定数とする。そして，この座標系の速度と加速度は，

$$\begin{aligned}\dot{\boldsymbol{x}}(t) &= (\dot{\xi} - \omega\eta)\mathbf{e}_\xi + (\dot{\eta} + \omega\xi)\mathbf{e}_\eta \\ &= \boldsymbol{v}(t) - \omega\,{}^*\boldsymbol{x}(t)\end{aligned} \tag{1.159}$$

$$\begin{aligned}\ddot{\boldsymbol{x}}(t) &= (\ddot{\xi} - 2\omega\dot{\eta} - \omega^2\xi)\mathbf{e}_\xi + (\ddot{\eta} + 2\omega\dot{\xi} - \omega^2\eta)\mathbf{e}_\eta \\ &= \boldsymbol{a}(t) - 2\omega\,{}^*\boldsymbol{v}(t) - \omega^2\boldsymbol{x}(t)\end{aligned} \tag{1.160}$$

となる。[*140] $\boldsymbol{v}(t)$ と $\boldsymbol{a}(t)$ は，それぞれ，座標系 (t, ξ, η) における速度と加速度で，

$$\boldsymbol{v}(t) := \dot{\xi}(t)\mathbf{e}_\xi + \dot{\eta}(t)\mathbf{e}_\eta \tag{1.161}$$

$$\boldsymbol{a}(t) := \ddot{\xi}(t)\mathbf{e}_\xi + \ddot{\eta}(t)\mathbf{e}_\eta \tag{1.162}$$

と定義される。[*141]

ところで，座標系 (t, ξ, η) が回転運動しているとき $[\omega \neq 0]$，この変換は (1.148) を満たさず，Galilei 変換にはならない。つまり，座標系 (t, ξ, η) は非慣性系である。

1.5.2 項の演習問題

問 1[B] 2次元回転座標系の速度と加速度 (1.159) と (1.160) を導け。また，角速度 ω が一定でないときの (1.159) と (1.160) に相当する式を導け。

問 2[C] 以下の文章の誤りや論理矛盾を慣性系の観点から議論せよ。

月は地球を中心に公転しており，地球を含む全ての惑星は太陽を中心に公転している。これは太陽中心説（地動説）と呼ばれており，正しい。これに対して，太陽や地球以外の惑星は地球を中心に公転しているという考えがある。これは地球中心説（天動説）と呼ばれているが，誤っている。

---

*139 この座標系の単位ベクトル $\mathbf{e}_\xi$, $\mathbf{e}_\eta$ は，どちらも時間に依存することに注意しよう。

*140 ${}^*\boldsymbol{x}$ と ${}^*\boldsymbol{v}$ は，それぞれ，$\boldsymbol{x}$ と $\boldsymbol{v}$ を $-\frac{\pi}{2}$ 回転，つまり，回転座標系の回転と反対方向に $\frac{\pi}{2}$ 回転させたベクトルである。

*141 ここでは，$\dot{\boldsymbol{x}} \neq \boldsymbol{v}$, $\ddot{\boldsymbol{x}} \neq \boldsymbol{a}$ となる表記を採用していることに注意せよ。

第 2 章

質点の力学

この章では，Newton 力学の基本法則について議論する。ただし，この章の座標系は，特に断りがない限り，全て慣性系とする。[*1] したがって，この章で得られる運動量保存則やエネルギー保存則，Newton の運動方程式などは，全て，慣性系で成り立つことに注意しよう。

2.1　Newton 力学の保存則

1.3 節では，2 階微分の運動方程式(1.27)，空間一様性(1.41)，空間等方性(1.50)，時間一様性(1.63)，時間反転の不変性(1.86) から，慣性の法則(1.92)·(1.93) を導き，1.4 節では，慣性の法則(1.92)·(1.93) と相対性原理(1.102) と絶対時間(1.135) から，Galilei 変換(1.147) を導いた。

本節では，慣性の法則を導いた上記の一連の仮定，および，Galilei 変換を導いた上記の一連の仮定から，運動量保存則と運動エネルギー保存則を導く。

2.1.1　衝突・散乱の相対性

慣性の法則は，(1.99) とその前後の文章で述べたように，2 階微分の運動方程式，空間一様性，空間等方性，時間一様性，空間反転の不変性，時間反転の不変性と関係する。その中でも空間反転の不変性は，(1.84) の下 3 行で述べたように，空間一様性と空間等方性が成り立つときは自動的に成り立つ対称性である。一方，時間反転の不変性は，動の慣性の法則を導くときのみ登場する対称性で，他の対称性との関連は薄い。そこで，本項では，時間反転の不変性を除いた対称

*1 ただし，2.2.4 項で登場する座標系は，項の題名からも分かるように，非慣性系である。

性である空間一様性，空間等方性，時間一様性，空間反転の不変性に加えて，慣性の法則と相対性原理と絶対時間を仮定し,[*2] 2つの点粒子が慣性系で衝突し散乱する状況を考えよう。

衝突･散乱の議論をやり易くするため，

接触するほどの近距離に他の点粒子が存在しない点粒子は，
1粒子だけで構成される孤立系とみなすことができる。　(2.1)

を仮定しよう。この仮定の下では，慣性の法則より，

接触するほどの近距離に他の点粒子が存在しない点粒子は，
相互作用をせず，慣性系で等速直線運動をする。　(2.2)

という性質が成り立つ。(2.1) は，本項の議論を有効にするための仮定で，一般的な衝突･散乱の仮定ではないが，特殊と言えるほど限定的な仮定でもない。電磁力や重力のように点粒子同士が離れた位置で相互作用する場合でも，この衝突･散乱を十分大きなスケールで見れば，つまり，十分遠くから見れば，ほとんどの場合は，接触するほど近い距離でのみ働く相互作用とみなせるからである。逆に，この仮定なしでは，飛んで来る点粒子の無限遠での速度を定義することさえ難しい問題になる。[*3] それゆえ，2.1節と 2.2節では，この仮定を採用することにしよう。

ところで，3次元空間内を運動する点粒子の衝突･散乱は，1次元空間内を運動する点粒子の衝突･散乱を3次元空間へ拡張することで得られると期待される。それゆえ，以後しばらくの間は，議論を簡単にするため，1次元空間内を運動する点粒子の衝突･散乱の性質を調べることにしよう。

2つの点粒子Xの衝突･散乱

最初に，全く同じ物理的性質を持つ2つの点粒子Xの衝突･散乱を考えよう。2つの点粒子は，1次元空間内を負の側からは点粒子1が速度 v で，正の側からは点粒子2が速度 $-v$ で飛んで来るとする。[*4] これは空間反転の不変性が成り立つ

[*2] 最後の3つの仮定は，Galilei 変換を導く仮定である。

[*3] 相互作用が無限遠の距離で働くときは，無限遠に離れていても点粒子同士は互いに影響を及ぼすため，点粒子の速度をどの時点で定義すべきなのか，相互作用は無限の速さで伝わると仮定すべきなのかなど，いろいろな問題が生じる。

[*4] ここでは $v>0$ の状況で説明をしたが，$v>0$ でなくてもよい。$v=0$ ならば，最初1つに合体していた2つの点粒子が分裂する状況で，$v<0$ ならば，正と負の向きが逆になる状況である。

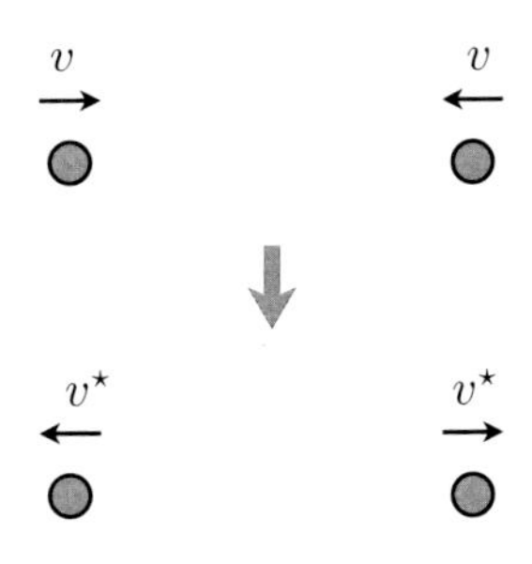

図 2.1 衝突·散乱 (2.3)

運動である。衝突後，2つの点粒子は散乱するが，衝突前と同様，空間反転の不変性が成り立つならば，2つの点粒子は速度 $-v^\star$，$v^\star$ で飛び去る。つまり，

$$v,\ -v \implies -v^\star,\ v^\star \tag{2.3}$$

となる。(図 2.1) 実際，この衝突·散乱は，空間反転

$$v \longrightarrow -v \qquad v^\star \longrightarrow -v^\star \qquad \text{衝突·散乱の空間的順序の入れ替え} \tag{2.4}$$

の下で不変になっている。[*5] $v^\star$ の値は，衝突·散乱の状況でいろいろな値を取ることができるが，空間一様性と時間一様性に従うならば，衝突の位置と時刻について定数で,[*6] あらゆる実数を取ることが可能である。たとえば，$v^\star=0$ ならば，2つの点粒子は衝突後合体したことになり，$v^\star=v$ ならば，点粒子は速度の大きさを変更せずに反発したことになる。$v^\star>v$ ならば，衝突の際に何らかの反発する力が働いたことを意味し，また，点粒子同士がすり抜けることがあれば，$v^\star$ は負の値を取る。[*7]

衝突·散乱 (2.3) を，Galilei変換を利用して，正の方向へ速度 v_0 で移動する慣性系から見ると，

$$v-v_0,\ -v-v_0 \implies -v^\star-v_0,\ v^\star-v_0 \tag{2.5}$$

---

*5 「空間的順序の入れ替え」は，この衝突·散乱の場合，2粒子の位置の入れ替えになる。

*6 $v^\star$ は一般には衝突の位置 $x_{\rm c}$ と時刻 $t_{\rm c}$ に依存して $v^\star(x_{\rm c},t_{\rm c})$ となるが，空間一様性と時間一様性が成り立つときは，$v^\star$ は衝突の位置 $x_{\rm c}$ と時刻 $t_{\rm c}$ に依存しない定数になる。

*7 $v^\star$ の値は，慣性の法則や Galilei 変換を導く一連の仮定だけ(ただし，時間反転の不変性を除く。時間反転の不変性を持つ衝突·散乱については 2.1.4項で議論する。)では決定できない。

となる。[*8] ここで，自由度が v，$v^\star$，v_0 の3個であることを考慮し，

$$v^{(1)} := v - v_0 \qquad v^{(2)} := -v - v_0 \qquad v^{\star(1)} := -v^\star - v_0 \tag{2.6}$$

とおいて (2.5) を書き直すと，$v = \frac{v^{(1)} - v^{(2)}}{2}$，$v_0 = -\frac{v^{(1)} + v^{(2)}}{2}$，$v^\star = -v^{\star(1)} - v_0$ より，全く同じ物理的な性質を持つ2粒子の一般的な衝突·散乱

$$v^{(1)},\ v^{(2)} \implies v^{\star(1)},\ -v^{\star(1)} + v^{(1)} + v^{(2)} \tag{2.7}$$

を得る。衝突 (2.3) は空間反転の不変性を持つ特殊な衝突だったが，[*9] 衝突 (2.7) の $v^{(1)}$ と $v^{(2)}$ はどちらも任意の実数値を取ることができるので，一般的な衝突になることに注目しよう。[*10] 衝突後の点粒子2の速度は $v^{\star(2)} = -v^{\star(1)} + v^{(1)} + v^{(2)}$ となるが，これを書き換えると，

$$v^{(1)} + v^{(2)} = v^{\star(1)} + v^{\star(2)} \tag{2.8}$$

を得る。[*11] そして，このとき，(2.7) は2粒子の一般的な衝突·散乱

$$v^{(1)},\ v^{(2)} \implies v^{\star(1)},\ v^{\star(2)} \tag{2.9}$$

となる。[*12] (2.8) は，「全く同じ物理的な性質を持つ2個の点粒子の衝突·散乱では，2粒子の速度の和が保存されること。」を意味する。特に，2粒子が衝突後合体する場合，[*13] 衝突後の2粒子の速度は等しくなるので，$v^{\star(1)} = -v^{\star(1)} + v^{(1)} + v^{(2)}$，すなわち，$v^{\star(1)} = \frac{v^{(1)} + v^{(2)}}{2}$ となり，(2.7) は，

$$v^{(1)},\ v^{(2)} \implies \left(\frac{v^{(1)} + v^{(2)}}{2},\ \frac{v^{(1)} + v^{(2)}}{2}\right) \tag{2.10}$$

となる。（図2.2）式 (2.10) の大きな括弧は複数の粒子が1つの塊となっている状態を強調するためのもので，形式的なものである。

[*8] 式 (1.148) の下で説明したように，Galilei 変換 (1.147) は，座標系 (t, x) の点粒子の速度 $\dot{x}(t)$ と座標系 (t', x') の点粒子の速度 $\dot{x}'(t')$ の差が座標系同士の相対速度 v_0 となる変換である。

[*9] 左右対称で，重心が静止する特殊な衝突になる。（重心の定義は (2.142) である。）

[*10] 一般的な衝突·散乱になったため，(2.4) のような空間反転の不変性は失われていることにも注目しよう。これは1.2節の冒頭で述べた事情と同じである。

[*11] (2.8) は，左辺に衝突前の物理量を，右辺に衝突後の物理量をまとめた式だが，このような式変形が可能になっていること，両辺が同じ構造を持つ式になっていることに注目しよう。

[*12] この衝突·散乱の自由度の数は，形式的には，$v^{(1)}$, $v^{(2)}$, $v^{\star(1)}$, $v^{\star(2)}$ の4個である。ところが，一般的な衝突·散乱 (2.5) の自由度の数は v, $v^\star$, v_0 の3個なので，自由度を減らす1個の制限が期待できる。これが (2.8) である。

[*13] 一般的な結果が得られた場合，その一般的な結果から得られる特殊な場合を調べるのは，物理の常套手段である。このような衝突·散乱の場合は，2粒子が合体する場合と1粒子が分離する場合が特殊な場合で，前者と後者は互いに時間反転の関係にある。

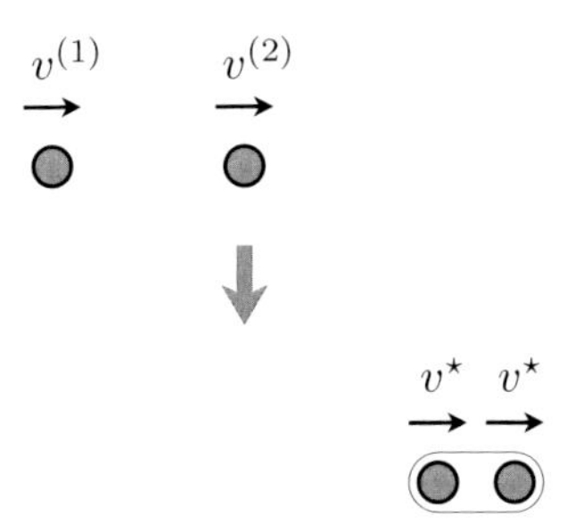

図 2.2 衝突･散乱 (2.10) $[\,v^{\star} := \frac{v^{(1)}+v^{(2)}}{2}\,]$

点粒子 X と点粒子 X_2 の衝突･散乱※

次に，単独の点粒子 X と 2 つの X から構成された点粒子 X_2 の衝突･散乱を考えよう。ただし，点粒子 X_2 を構成する 2 つの点粒子 X は，わずかだが常に離れて運動する性質を持つものとする。1 次元空間内を負の側からは点粒子 X が速度 $v^{(1)}$ で，正の側からは点粒子 X_2 が速度 $(v^{(2)}, v^{(2)})$ で飛んで来るならば，衝突･散乱は，

$$\begin{aligned} v^{(1)}, (v^{(2)}, v^{(2)}) &\Longrightarrow v^{(1)},\ v^{(2)},\ v^{(2)} \\ &\Longrightarrow v^{\star(1)},\ -v^{\star(1)} + v^{(1)} + v^{(2)},\ v^{(2)} \\ &\Longrightarrow v^{\star(1)}, \left(\frac{-v^{\star(1)} + v^{(1)}}{2} + v^{(2)}, \frac{-v^{\star(1)} + v^{(1)}}{2} + v^{(2)}\right) \end{aligned} \tag{2.11}$$

となる。(図 2.3) $(v^{(2)}, v^{(2)})$ の外側の括弧は，点粒子 X_2 を構成する 2 つの点粒子 X がわずかに離れている状態を表したもので，1 番目の矢印ではその形式的な括弧を取り払った。2 番目の矢印は，負の側から来た点粒子 X が正の側からきた点粒子 X_2 の片方の点粒子 X と衝突･散乱した過程であり，(2.7) を適用したものである。3 番目の矢印は，速度 $-v^{\star(1)}+v^{(1)}+v^{(2)}$ で反発した点粒子 X が，正の側からきた点粒子 X_2 のもう片方の点粒子 X と即座に衝突し合体した過程であり，(2.10) を適用したものである。衝突後の点粒子 X_2 の速度は $v^{\star(2)} = \frac{-v^{\star(1)}+v^{(1)}}{2} + v^{(2)}$ となるが，これを書き換えると，

$$v^{(1)} + 2v^{(2)} = v^{\star(1)} + 2v^{\star(2)} \tag{2.12}$$

を得る。これは，点粒子 X と点粒子 X_2 の衝突･散乱では，点粒子 X の速度と点粒子 X_2 の速度の 2 倍の和が保存されることを意味する。

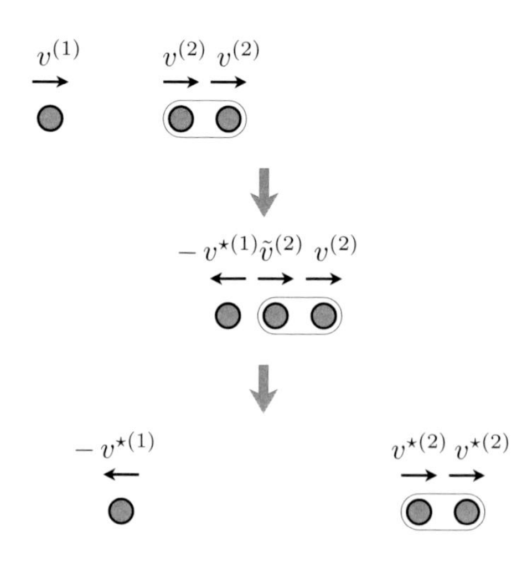

図 2.3　衝突･散乱 (2.11) [$\tilde{v}^{(2)} := -v^{\star(1)} + v^{(1)} + v^{(2)}$, $v^{\star(2)} := \frac{\tilde{v}^{(2)}+v^{(2)}}{2}$]

点粒子 X と点粒子 X_m の衝突･散乱※

ここで数学的帰納法を利用し，単独の点粒子 X と m 個の X から構成された点粒子 X_m の衝突･散乱を考えよう。「1 次元空間内を負の側からは点粒子 X が速度 $v^{(1)}$ で，正の側からは点粒子 X_m が速度 $(\underbrace{v^{(2)},\ldots,v^{(2)}}_{m\text{個}})$ で飛んで来る場合，

$$\begin{aligned}&v^{(1)},\ (\underbrace{v^{(2)},\ldots,v^{(2)}}_{m\text{個}})\\ &\Longrightarrow\ v^{\star(1)},\ \Bigl(\underbrace{\frac{-v^{\star(1)}+v^{(1)}}{m}+v^{(2)},\ldots,\frac{-v^{\star(1)}+v^{(1)}}{m}+v^{(2)}}_{m\text{個}}\Bigr)\end{aligned} \tag{2.13}$$

のような衝突･散乱をする。」と仮定する。[*14] 特に，2 つの点粒子 X と X_m が衝突後合体する場合は，$v^{\star(1)} = \frac{-v^{\star(1)}+v^{(1)}}{m} + v^{(2)}$，すなわち，$v^{\star(1)} = \frac{v^{(1)}+mv^{(2)}}{m+1}$ となり，(2.13) は，

$$v^{(1)},\ (\underbrace{v^{(2)},\ldots,v^{(2)}}_{m\text{個}})$$

[*14] (2.13) は (2.11) を素直に拡張したものである。

$$\Longrightarrow \Big(\underbrace{\frac{v^{(1)}+mv^{(2)}}{m+1}, \frac{v^{(1)}+mv^{(2)}}{m+1}, \dots, \frac{v^{(1)}+mv^{(2)}}{m+1}}_{m+1\text{個}}\Big) \tag{2.14}$$

となる。もし，負の側からは点粒子 X が速度 $v^{(1)}$ で，正の側からは点粒子 X_{m+1} が速度 $(\underbrace{v^{(2)}, \dots, v^{(2)}}_{m+1\text{個}})$ で飛んで来るならば，衝突・散乱は，

$$\begin{aligned}
&v^{(1)},\ (\underbrace{v^{(2)}, v^{(2)}, \dots, v^{(2)}}_{m+1\text{個}}) \\
\Longrightarrow\ &v^{(1)},\ v^{(2)},\ (\underbrace{v^{(2)}, \dots, v^{(2)}}_{m\text{個}}) \\
\Longrightarrow\ &v^{\star(1)},\ -v^{\star(1)}+v^{(1)}+v^{(2)},\ (\underbrace{v^{(2)}, \dots, v^{(2)}}_{m\text{個}}) \\
\Longrightarrow\ &v^{\star(1)},\ \Big(\underbrace{\frac{-v^{\star(1)}+v^{(1)}}{m+1}+v^{(2)}, \dots, \frac{-v^{\star(1)}+v^{(1)}}{m+1}+v^{(2)}}_{m+1\text{個}}\Big)
\end{aligned} \tag{2.15}$$

となり，m を $m+1$ に変えた (2.13) を得る。2番目の矢印では (2.7) を，3番目の矢印では (2.14) を使った。したがって，数学的帰納法により，仮定 (2.13) が証明された。衝突後の点粒子 X_m の速度は $v^{\star(2)} = \frac{-v^{\star(1)}+v^{(1)}}{m} + v^{(2)}$ となるが，これを書き換えると，(2.8) と (2.12) を一般化した

$$v^{(1)} + mv^{(2)} = v^{\star(1)} + mv^{\star(2)} \tag{2.16}$$

を得る。これは，点粒子 X と点粒子 X_m の衝突・散乱では，点粒子 X の速度と点粒子 X_m の速度の m 倍の和が保存されることを意味する。

点粒子 X_{m_1} と点粒子 X_{m_2} の衝突・散乱※

最後に，m_1 個の X から構成される点粒子 X_{m_1} と m_2 個の X から構成される点粒子 X_{m_2} が衝突し散乱する，という一般的な状況を考えよう。1次元空間内を負の側からは点粒子 X_{m_1} が速度 $(\underbrace{v^{(1)}, \dots, v^{(1)}}_{m_1\text{個}})$ で，正の側からは点粒子 X_{m_2} が速度 $(\underbrace{v^{(2)}, \dots, v^{(2)}}_{m_2\text{個}})$ で飛んで来るならば，衝突・散乱は，

$$(\underbrace{v^{(1)}, \dots, v^{(1)}, v^{(1)}}_{m_1\text{個}}),\ (\underbrace{v^{(2)}, \dots, v^{(2)}}_{m_2\text{個}})$$

$$
\begin{aligned}
&\Longrightarrow (\underbrace{v^{(1)},\dots,v^{(1)}}_{m_1-1\,個}),\ v^{(1)},\ (\underbrace{v^{(2)},\dots,v^{(2)}}_{m_2\,個}) \\
&\Longrightarrow (\underbrace{v^{(1)},\dots,v^{(1)}}_{m_1-1\,個}),\ \tilde{v}^{(1)},\ \Bigl(\underbrace{\frac{-\tilde{v}^{(1)}+v^{(1)}}{m_2}+v^{(2)},\dots,\frac{-\tilde{v}^{(1)}+v^{(1)}}{m_2}+v^{(2)}}_{m_2\,個}\Bigr) \\
&\Longrightarrow \Bigl(\underbrace{\frac{\tilde{v}^{(1)}+(m_1-1)v^{(1)}}{m_1},\dots,\frac{\tilde{v}^{(1)}+(m_1-1)v^{(1)}}{m_1}}_{m_1\,個}\Bigr), \\
&\qquad \Bigl(\underbrace{\frac{-\tilde{v}^{(1)}+v^{(1)}}{m_2}+v^{(2)},\dots,\frac{-\tilde{v}^{(1)}+v^{(1)}}{m_2}+v^{(2)}}_{m_2\,個}\Bigr)
\end{aligned} \tag{2.17}
$$

となる。2番目の矢印では (2.13) を，3番目の矢印では (2.14) を使った。[*15] ここで，$v^{\star(1)} := \frac{\tilde{v}^{(1)}+(m_1-1)v^{(1)}}{m_1}$ とおくと，(2.17) は，

$$
\begin{aligned}
&(\underbrace{v^{(1)},\dots,v^{(1)}}_{m_1\,個}),\ (\underbrace{v^{(2)},\dots,v^{(2)}}_{m_2\,個}) \\
&\Longrightarrow (\underbrace{v^{\star(1)},\dots,v^{\star(1)}}_{m_1\,個}),\ (\underbrace{v^{\star(2)},\dots,v^{\star(2)}}_{m_2\,個})
\end{aligned} \tag{2.19}
$$

ただし，

$$
v^{\star(2)} := \frac{m_1(-v^{\star(1)}+v^{(1)})}{m_2} + v^{(2)} \tag{2.20}
$$

[*15] 空間反転の不変性によれば，ある式が成り立つならば，それを左右反転した式はいつでも成り立つ。たとえば，(2.14) を左右反転させると，

$$
\begin{aligned}
&(\underbrace{-v^{(2)},\dots,-v^{(2)}}_{m\,個}),\ -v^{(1)} \\
&\Longrightarrow \Bigl(\underbrace{-\frac{v^{(1)}+mv^{(2)}}{m+1},-\frac{v^{(1)}+mv^{(2)}}{m+1},\dots,-\frac{v^{(1)}+mv^{(2)}}{m+1}}_{m+1\,個}\Bigr)
\end{aligned} \tag{2.18}
$$

を得る。この式において，$v^{(2)} \to -v^{(1)}$，$v^{(1)} \to -\tilde{v}^{(1)}$，$m \to m_1-1$ とした式を3番目の矢印で使うのである。

となる。[*16] (2.20) を書き換えると，(2.16) を一般化した

$$m_1 v^{(1)} + m_2 v^{(2)} = m_1 v^{\star(1)} + m_2 v^{\star(2)} \tag{2.21}$$

を得る。これは，点粒子 X_{m_1} と点粒子 X_{m_2} の衝突･散乱では，点粒子 X_{m_1} の速度の m_1 倍と点粒子 X_{m_2} の速度の m_2 倍の和が保存されることを意味する。

基本粒子による衝突･散乱の素過程

今までの議論では，衝突･散乱の過程を詳しく吟味し，2つの点粒子 X_{m_1} と X_{m_2} の衝突･散乱 (2.19) で成り立つ式 (2.21) を導出した。しかし，実は，この式が成り立つ理屈は，2個の点粒子 X による衝突･散乱 (2.9) の観点から直接読み取ることができる。点粒子 X_{m_1} と X_{m_2} はどちらも点粒子 X を基本粒子として構成される複合粒子である。それゆえ，複合粒子としての X_{m_1} と X_{m_2} の衝突･散乱は，基本粒子 X 同士の衝突･散乱 (2.9) を「素過程」として，これが複数回起きる衝突･散乱とみなすことができる。ところで，(2.8) によれば，「素過程」では衝突･散乱をした点粒子 X の速度の和は保存されるので，系全体の点粒子 X の速度の総和も保存される。したがって，「素過程」が複数回起きる衝突･散乱 (2.19) のときも，系全体の点粒子 X の速度の総和は保存され，(2.21) が成り立つのである。

3次元空間内の2つの点粒子の衝突･散乱

最後に，以上の1次元空間内の衝突･散乱の議論を3次元空間内の衝突･散乱の議論へ拡張してみよう。議論の基本的な流れは1次元空間のときと同じだが，ここではさらに，「3次元空間内の運動は，それぞれの方向で1次元空間の運動と同じ運動をする。」と仮定しよう。すると，1次元版の最終結果 (2.19) と (2.21) は3次元版へ容易に拡張することができて，それぞれ，

$$\begin{aligned}
&(\underbrace{v_i^{(1)}, \ldots, v_i^{(1)}}_{m_1\text{個}}),\ (\underbrace{v_i^{(2)}, \ldots, v_i^{(2)}}_{m_2\text{個}}) \\
&\Longrightarrow\ (\underbrace{v_i^{\star(1)}, \ldots, v_i^{\star(1)}}_{m_1\text{個}}),\ (\underbrace{v_i^{\star(2)}, \ldots, v_i^{\star(2)}}_{m_2\text{個}}) \qquad [\,i = x,\, y,\, z\,]
\end{aligned} \tag{2.22}$$

と

$$m_1 v_i^{(1)} + m_2 v_i^{(2)} = m_1 v_i^{\star(1)} + m_2 v_i^{\star(2)} \qquad [\,i = x,\, y,\, z\,] \tag{2.23}$$

[*16] これは，(2.13) において $m = \frac{m_2}{m_1}$ とおいた衝突･散乱に相当する。(2.13) の m は自然数だったが，正の有理数と考えてよいことがわかる。

となる。そして，(2.22) と (2.23) は，どちらもベクトルを使うと，それぞれ，

$$
\begin{aligned}
&(\underbrace{\boldsymbol{v}^{(1)},\ldots,\boldsymbol{v}^{(1)}}_{m_1\text{個}}),\ (\underbrace{\boldsymbol{v}^{(2)},\ldots,\boldsymbol{v}^{(2)}}_{m_2\text{個}}) \\
&\Longrightarrow\ (\underbrace{\boldsymbol{v}^{\star(1)},\ldots,\boldsymbol{v}^{\star(1)}}_{m_1\text{個}}),\ (\underbrace{\boldsymbol{v}^{\star(2)},\ldots,\boldsymbol{v}^{\star(2)}}_{m_2\text{個}})
\end{aligned}
\tag{2.24}
$$

と

$$
m_1\boldsymbol{v}^{(1)} + m_2\boldsymbol{v}^{(2)} \ = \ m_1\boldsymbol{v}^{\star(1)} + m_2\boldsymbol{v}^{\star(2)} \tag{2.25}
$$

となる。(2.23) がそのままベクトルとなり，自動的に（静の慣性の法則を導くときに鍵となった）空間等方性を持つ式 (2.25) になるのである。[*17] (2.25) は (2.21) を1次元から3次元へ拡張した式で，1次元の衝突･散乱と同様，3次元の衝突･散乱においても，点粒子 X_{m_1} の速度の m_1 倍と点粒子 X_{m_2} の速度の m_2 倍の和が保存されることを意味する。

2.1.1 項の演習問題

問 1[A] 衝突･散乱 (2.3) が (2.4) の下で不変であることを説明せよ。

問 2[A] 慣性の法則を導く仮定，および，Galilei 変換を導く仮定を利用し，全く同じ物理的な性質を持つ2粒子の一般的な衝突･散乱 (2.9) の保存則 (2.8) を導け。

問 3[A] (2.11) を確認せよ。また，点粒子 X と点粒子 X_2 が衝突後合体する場合において，(2.11) はどのように変更されるか述べよ。

問 4[A] (2.11) と同様にして，点粒子 X と点粒子 X_3 の衝突･散乱を議論せよ。

問 5[A] 「**基本粒子による衝突･散乱の素過程**」で述べた内容を，次の観点から言い換え，説明せよ。

　基本粒子 X を人，速度 v をお金にたとえてみよう。すると，各基本粒子の速度は各人が持つお金になる。ただし，速度は正と零だけでなく負の値も取りうるので，お金も負のお金，つまり，借金を認めることにする。

問 6[B] 2個の点粒子による衝突･散乱の保存則 (2.25) は，空間一様性と等方性，時間一様性，空間反転の不変性，時間反転の不変性を全て持つ。これを示せ。[*18]

[*17] (2.25) は，空間回転に対し不変になる。詳しくは本項の問 6 を参照せよ。

[*18] この問いでは，衝突･散乱 (2.24) が空間並進，空間回転，時間並進，空間反転，時間反転の下で不変であることを示すのではなく，衝突･散乱 (2.24) を，空間並進，空間回転，時間並進，空間反転，時間反転した衝突･散乱が，変換前と同じ保存則 (2.25) を満たすことを確認する。

問 7^{C} 2個の点粒子による1次元空間内の衝突･散乱 (2.3) を3次元空間内の衝突･散乱へ拡張すると，

$$\boldsymbol{v},\ -\boldsymbol{v} \implies -\boldsymbol{v}^{\star},\ \boldsymbol{v}^{\star} \tag{2.26}$$

となり，(2.4) の3次元版となる空間反転

$$\boldsymbol{v} \longrightarrow -\boldsymbol{v} \qquad \boldsymbol{v}^{\star} \longrightarrow -\boldsymbol{v}^{\star} \qquad \text{衝突･散乱の空間的順序の入れ替え} \tag{2.27}$$

の下で不変になる。これについて議論せよ。

2.1.2 質量と運動量と運動量保存則

前項の「**基本粒子による衝突･散乱の素過程**」で述べたように，2つの点粒子 X_{m_1} と X_{m_2} の衝突･散乱 (2.19) は基本粒子 X による衝突･散乱の素過程が鍵を握り，得られた保存則 (2.21) には，点粒子 X_{m_1} と X_{m_2} の速度の他に基本粒子 X の数やその速度の和という物理量が現れた。これは，保存則 (2.21) を扱うときは基本粒子という概念に立ち戻らなければならないことを意味する。そこで，点粒子を構成する基本粒子の数に比例する物理量として「質量」を定義しよう。つまり，基本粒子 X 1個あたりの質量を M_{X} とし，m 個の基本粒子 X から構成される点粒子 X_m の質量を

$$M := mM_{\mathrm{X}} \tag{2.28}$$

と定義し，点粒子 X_m 固有の物理量を導入するのである。ただし，$M_{\mathrm{X}} > 0$ とする。m は正の自然数なので，M は正の実数になる。*19 非零の質量を持つ点粒子を「質点」という。*20 質量という物理量の導入によって基本粒子の概念に立ち戻る必要がなくなったことに注目しよう。*21

ここで，質量 M_1 の点粒子 A_1 と質量 M_2 の点粒子 A_2 の衝突･散乱を考えよう。この衝突･散乱では，点粒子の速度は衝突前と衝突後で (2.24) のように変化し，それぞれの質量は，(2.28) より，

$$M_1 = m_1 M_{\mathrm{X}} \qquad M_2 = m_2 M_{\mathrm{X}} \tag{2.29}$$

---

*19 たとえば，「炭素原子 $^{12}\mathrm{C}$ が 1 [mol] は 12 [g]」という考え方がこれと同じ考え方になる。

*20 質点は，電荷の点電荷や磁荷の点磁荷に相当し，質量を電荷や磁荷のような属性とみなした表現である。

*21 第1章では，点粒子が持つ物理量は位置と速度と加速度であった。これ以降は，これらの物理量に質量が加わるのである。

となる。ところで，(2.24) では，$(\underbrace{\boldsymbol{v},\ldots,\boldsymbol{v}}_{m\text{個}})$ のようにして構成する点粒子1つ1つの速度を全て書き表したが，これらは全て同じ速度なので，これ以降は $(M,\boldsymbol{v})$ のようにまとめて1つの速度で書き表すことにする。すると，質量 M_1 を持つ点粒子 A_1 と質量 M_2 を持つ点粒子 A_2 の衝突･散乱 (2.24) は，

$$(M_1,\boldsymbol{v}^{(1)}),\ (M_2,\boldsymbol{v}^{(2)})\ \Longrightarrow\ (M_1,\boldsymbol{v}^{\star(1)}),\ (M_2,\boldsymbol{v}^{\star(2)}) \tag{2.30}$$

と表すことができて，保存則 (2.25) は，

$$M_1\boldsymbol{v}^{(1)}+M_2\boldsymbol{v}^{(2)}\ =\ M_1\boldsymbol{v}^{\star(1)}+M_2\boldsymbol{v}^{\star(2)} \tag{2.31}$$

となる。そして，この結果から，点粒子間の相互作用は空間の一様性･等方性と時間の一様性と空間反転の不変性を持ち，慣性の法則と相対性原理と絶対時間に従うとき，[*22] 衝突･散乱の前後で，

$$\boldsymbol{P}(t)\ :=\ \boldsymbol{p}^{(1)}(t)+\boldsymbol{p}^{(2)}(t) \tag{2.32}$$

が保存することがわかる。[*23] ただし，$\boldsymbol{p}^{(n)}(t)\,[\,n\!=\!1,\,2\,]$ は

$$\boldsymbol{p}^{(n)}(t)\ :=\ M_n\boldsymbol{v}^{(n)}(t) \tag{2.33}$$

である。[*24] (2.33) は個々の点粒子が持つ物理量で，「運動量」という。(2.31) は，個々の点粒子が持つ運動量の総和が衝突･散乱の過程で保存することを意味しており，「運動量保存則」とよばれる。運動量という個々の点粒子の物理量が和の形で，衝突の前後で，それぞれ，左辺と右辺にまとまることに注目しよう。[*25]

以上は2個の点粒子の衝突･散乱であったが，3個以上の点粒子から構成される系の中で任意の2個の点粒子が衝突･散乱を何回も繰り返すと，

$$\begin{aligned}&(M_1,\boldsymbol{v}^{(1)}),\ (M_2,\boldsymbol{v}^{(2)}),\ \ldots,\ (M_N,\boldsymbol{v}^{(N)})\\&\Longrightarrow\ (M_1,\boldsymbol{v}^{\star(1)}),\ (M_2,\boldsymbol{v}^{\star(2)}),\ \ldots,\ (M_N,\boldsymbol{v}^{\star(N)})\end{aligned} \tag{2.35}$$

[*22] これらの仮定は保存量 (2.32) を得るために最低限必要な仮定というわけではないので注意。

[*23] (2.32) のように，時間発展に対して不変な物理量を「保存量」という。

[*24] 衝突の時刻を t_{c} とすると，

$$\boldsymbol{v}^{(n)}(t)\ :=\ \begin{cases}\boldsymbol{v}^{(n)} & [\,t<t_{\mathrm{c}}\,]\\ \boldsymbol{v}^{\star(n)} & [\,t>t_{\mathrm{c}}\,]\end{cases} \tag{2.34}$$

[*25] この性質があるからこそ，運動量という物理量が個々の点粒子に対して定義できるのである。

のような3個以上の点粒子の衝突･散乱についても上と同じ議論が可能になる。その結果，(2.31) を一般化した運動量保存則

$$\sum_{n=1}^{N} M_n \boldsymbol{v}^{(n)} = \sum_{n^\star=1}^{N} M_{n^\star} \boldsymbol{v}^{\star(n^\star)} \tag{2.36}$$

が成り立ち，系の運動量，すなわち，運動量の総和

$$\boldsymbol{P}(t) := \sum_{n=1}^{N} \boldsymbol{p}^{(n)}(t) \tag{2.37}$$

が保存することがわかる。[*26] ただし，$\boldsymbol{p}^{(n)}(t)\,[\,n=1,\,2,\,\ldots,\,N\,]$ は (2.33) である。多数の点粒子が衝突･散乱する場合，途中の段階で多数の衝突･散乱が起きるが，どの衝突･散乱も運動量の総和は保存されるので，[*27] 全体的に見てもこれらの物理量は保存され，(2.36) が成り立つのである。これらの式は $n=1,\,2,\,\ldots,$ N の任意の入れ替え，および，$n^\star=1,\,2,\,\ldots,\,N$ の任意の入れ替えで不変になっており，よって，衝突･散乱の順序に依存しない。[*28]

ところで，運動量の総和 $\boldsymbol{P}(t)$ は衝突の前後で保存されるので，時間微分を用いて，運動量保存則 (2.31) と (2.36) を

$$\dot{\boldsymbol{P}}(t) = \boldsymbol{0} \tag{2.38}$$

と表すこともできる。$\boldsymbol{P}(t)$ は (2.32) または (2.37)，ただし (2.33)，である。

2.1.2 項の演習問題

問 1[B] 保存則 (2.31) を利用し，(2.36) を導け。また，得られた保存則が，点粒子の衝突･散乱の順序に依存しないことを示せ。

問 2[B] 運動量保存則 (2.36) は空間一様性と等方性，時間一様性，空間反転の不変性，時間反転の不変性を全て持つ。これを示せ。[*29]

問 3[C] 本文では，基本粒子 X から構成される複合粒子同士の衝突･散乱を考えたが，この問いでは，基本粒子 X とは異なる別種の基本粒子 Y を導入し，基本粒

[*26] (2.37) も，(2.32) と同様，「保存量」である

[*27] これは，前項の「**基本粒子による衝突･散乱の素過程**」の議論と同じ理屈である。

[*28] 運動量の和に関して，交換法則と結合法則が成り立つのである。

[*29] これは 2.1.1 項の問 6 を一般化した問題。

子 X と基本粒子 Y が混合する複合粒子同士の衝突･散乱について本文と同様の議論をしてみよう。ただし，基本粒子 Y は基本粒子 X の複合粒子ではないとする。

2.1.3 質量変化があるときの運動量保存則と質量保存則

前項の議論をさらに一般化し，いくつかの点粒子が合体したり分離したりする衝突･散乱を考えよう。これは質量交換が可能な衝突･散乱である。

たとえば，2 つの点粒子 A_1 と A_2 が合体して 1 つの点粒子になるならば，$\boldsymbol{v}^{\star(1)} = \boldsymbol{v}^{\star(2)}\,(= \boldsymbol{v}^{\star})$ となるので，(2.31) は，

$$M_1\boldsymbol{v}^{(1)} + M_2\boldsymbol{v}^{(2)} \;=\; (M_1 + M_2)\boldsymbol{v}^{\star} \tag{2.39}$$

となり，また，1 つの点粒子が 2 つの点粒子 $\mathrm{A}_1^{\star}$ と $\mathrm{A}_2^{\star}$ に分離するならば，$\boldsymbol{v}^{(1)} = \boldsymbol{v}^{(2)}\,(= \boldsymbol{v})$ となるので，(2.31) は，

$$(M_1 + M_2)\boldsymbol{v} \;=\; M_1\boldsymbol{v}^{\star(1)} + M_2\boldsymbol{v}^{\star(2)} \tag{2.40}$$

となる。[*30] ゆえに，質量 M_1 を持つ点粒子 A_1 と質量 M_2 を持つ点粒子 A_2 が衝突して合体し，質量 $M_1^{\star}$ を持つ点粒子 $\mathrm{A}_1^{\star}$ と質量 $M_2^{\star}$ を持つ点粒子 $\mathrm{A}_2^{\star}$ へ分裂して散乱する衝突･散乱

$$(M_1, \boldsymbol{v}^{(1)}),\ (M_2, \boldsymbol{v}^{(2)}) \;\Longrightarrow\; (M_1^{\star}, \boldsymbol{v}^{\star(1)}),\ (M_2^{\star}, \boldsymbol{v}^{\star(2)}) \tag{2.41}$$

つまり，図 2.4 のような衝突･散乱の場合，(2.39) と (2.40) を組み合わせれば，

$$M_1\boldsymbol{v}^{(1)} + M_2\boldsymbol{v}^{(2)} \;=\; (M_1 + M_2)\tilde{\boldsymbol{v}} \;=\; (M_1^{\star} + M_2^{\star})\tilde{\boldsymbol{v}} \;=\; M_1^{\star}\boldsymbol{v}^{\star(1)} + M_2^{\star}\boldsymbol{v}^{\star(2)} \tag{2.42}$$

よって，

$$M_1\boldsymbol{v}^{(1)} + M_2\boldsymbol{v}^{(2)} \;=\; M_1^{\star}\boldsymbol{v}^{\star(1)} + M_2^{\star}\boldsymbol{v}^{\star(2)} \tag{2.43}$$

となる。ただし，

$$M_1 + M_2 \;=\; M_1^{\star} + M_2^{\star} \tag{2.44}$$

[*30] (2.39) と (2.40) は，互いに時間反転の関係にある。

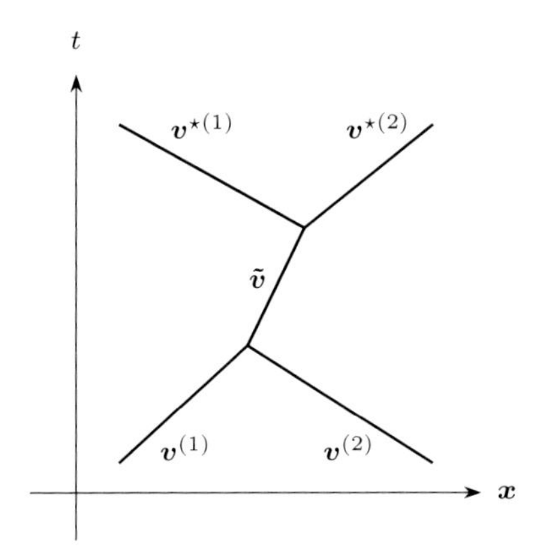

図 2.4 質量 M_1，速度 $\boldsymbol{v}^{(1)}$ の粒子と質量 M_2，速度 $\boldsymbol{v}^{(2)}$ の粒子が衝突して合体し，質量 $M_1^\star$，速度 $\boldsymbol{v}^{\star(1)}$ の粒子と質量 $M_2^\star$，速度 $\boldsymbol{v}^{\star(2)}$ の粒子へ分裂して散乱するときの衝突･散乱を描いた t-$\boldsymbol{x}$ 図。)

である。そして，この結果から，点粒子間の相互作用は空間の一様性･等方性と時間の一様性と空間反転の不変性を持ち，慣性の法則と相対性原理と絶対時間に従うとき,[*31] 衝突･散乱の前後で，(2.32) と

$$M(t) \ := \ M_1(t) + M_2(t) \tag{2.45}$$

が保存することがわかる。[*32] ただし，$\boldsymbol{p}^{(n)}(t)\,[\,n=1,\,2\,]$ は，(2.33) ではなく，

$$\boldsymbol{p}^{(n)}(t) \ := \ M_n(t)\boldsymbol{v}^{(n)}(t) \tag{2.46}$$

である。[*33] (2.46) は個々の点粒子が持つ物理量で，質量変化がないときの「運動量」(2.33) に相当する。(2.43) は，質量交換がない衝突･散乱で成り立つ運動量保存則 (2.31) を質量交換がある衝突･散乱へ一般化したときの運動量保存則である。(2.44) は，個々の点粒子が持つ質量の総和が衝突･散乱の過程で保存するこ

---

*31 これらの仮定は保存量 (2.32) と (2.45) を得るために最低限必要な仮定というわけではないので注意。

*32 (2.45) も，(2.32) と同様，「保存量」である

*33 衝突の時刻を $t_{\rm c}$ とすると，$\boldsymbol{v}^{(n)}(t)$ は (2.34)，$M_n(t)$ は

$$M_n(t) \ := \ \begin{cases} M_n & [\,t < t_{\rm c}\,] \\ M_n^\star & [\,t > t_{\rm c}\,] \end{cases} \tag{2.47}$$

とを意味しており，「質量保存則」とよばれる。運動量や質量という個々の点粒子の物理量が和の形で，衝突の前後で，それぞれ，左辺と右辺にまとまることに注目しよう。[*34]

以上は2個の点粒子の衝突・散乱であったが，3個以上の点粒子から構成される系の中で任意の2個の点粒子が (2.39) と (2.40) のような合体と分離を何回も繰り返すと，

$$(M_1, \boldsymbol{v}^{(1)}),\ (M_2, \boldsymbol{v}^{(2)}),\ \ldots,\ (M_N, \boldsymbol{v}^{(N)}) \\ \Longrightarrow\ (M_1^\star, \boldsymbol{v}^{\star(1)}),\ (M_2^\star, \boldsymbol{v}^{\star(2)}),\ \ldots,\ (M_{N^\star}^\star, \boldsymbol{v}^{\star(N^\star)}) \tag{2.48}$$

のような3個以上の点粒子の衝突・散乱についても上と同じ議論が可能になる。N と $N^\star$ は異なる自然数でもよい。その結果，(2.43) を一般化した運動量保存則

$$\sum_{n=1}^{N} M_n \boldsymbol{v}^{(n)} \;=\; \sum_{n^\star=1}^{N^\star} M_{n^\star}^\star \boldsymbol{v}^{\star(n^\star)} \tag{2.49}$$

と (2.44) を一般化した質量保存則

$$\sum_{n=1}^{N} M_n \;=\; \sum_{n^\star=1}^{N^\star} M_{n^\star}^\star \tag{2.50}$$

が成り立ち，系の運動量，すなわち，運動量の総和

$$\boldsymbol{P}(t) \;:=\; \sum_{n=1}^{N(t)} \boldsymbol{p}^{(n)}(t) \tag{2.51}$$

と系の質量，すなわち，質量の総和

$$M(t) \;:=\; \sum_{n=1}^{N(t)} M_n(t) \tag{2.52}$$

が保存することがわかる。[*35] ただし，$N(t)$ の値は，衝突前は N，衝突後は $N^\star$ で，$\boldsymbol{p}^{(n)}(t)\,[\,n=1,\,2,\,\ldots,\,N\,]$ は，(2.33) ではなく，(2.46) である。[*36] 多数の点

[*34] この性質があるからこそ，運動量や質量という物理量が個々の点粒子に対して定義できるのである。

[*35] (2.51) と (2.52) も，(2.32) や (2.45) と同様，「保存量」である

[*36] これらが (2.37) と (2.51) の違いである。

粒子が衝突･散乱する場合，途中の段階で多数の衝突･散乱が起きるが，どの衝突･散乱も運動量の総和と質量の総和は保存されるので,*37 全体的に見てもこれらの物理量は保存され，(2.49)･(2.50) が成り立つのである。(2.49) は質量交換がない衝突･散乱で成り立つ (2.36) を質量交換がある衝突･散乱へ拡張した運動量保存則でもあることに注意されたい。これらの式は $n=1, 2, \ldots, N$ の任意の入れ替え，および，$n^\star=1, 2, \ldots, N^\star$ の任意の入れ替えで不変になっており，よって，衝突･散乱の順序に依存しない。*38

ところで，運動量の総和 $\boldsymbol{P}(t)$ と質量の総和 $M(t)$ はどちらも衝突の前後で保存されるので，時間微分を用いて，運動量保存則 (2.43) と (2.49) を $\dot{\boldsymbol{P}}(t)=\boldsymbol{0}$ (2.38)，質量保存則 (2.44) と (2.50) を

$$\dot{M}(t) \;=\; 0 \tag{2.53}$$

と表すこともできる。$\boldsymbol{P}(t)$ は (2.32) または (2.37)，ただし (2.46)，であり，$M(t)$ は (2.45) または (2.52) である。

2.1.3 項の演習問題

問 1[A] (2.42) によれば，図 2.4 の衝突･散乱では，運動量保存則 (2.43) と質量保存則 (2.44) が成り立つ。同様な理由により，図 2.5 の左図や右図の衝突･散乱でも，これら 2 つの法則が成り立つ。これを示せ。

問 2[B] 保存則 (2.43)･(2.44) を利用し，3 つの点粒子が衝突･散乱するときに成り立つ保存則を導け。*39 また，得られた保存則が，3 つの点粒子の衝突･散乱の順序に依存しないことを示せ。

問 3[B] 保存則 (2.43)･(2.44) を利用し，(2.49)･(2.50) を導け。また，得られた保存則が，点粒子の衝突･散乱の順序に依存しないことを示せ。

問 4[B] (2.28) の M_{X} を利用し，

$$m_n \;:=\; \frac{M_n}{M_{\mathrm{X}}} \quad [\,n=1, 2, \ldots, N\,] \qquad m^\star_{n^\star} \;:=\; \frac{M^\star_{n^\star}}{M_{\mathrm{X}}} \quad [\,n^\star=1, 2, \ldots, N^\star\,] \tag{2.54}$$

*37 これは，2.1.1 項の「**基本粒子による衝突･散乱の素過程**」の議論と同じ理屈である。

*38 運動量の和に関して，交換法則と結合法則が成り立つのである。

*39 衝突前，または，衝突後の点粒子の数が 3 個未満の衝突もあり得るが，一部の点粒子の質量を零にすれば点粒子の数を減らすことができるので，3 つの点粒子が衝突し，最終的に 3 つの点粒子に散乱する過程だけを考えればよい。

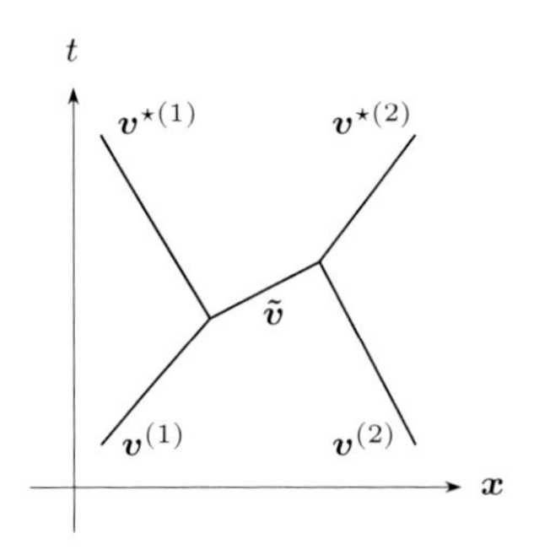

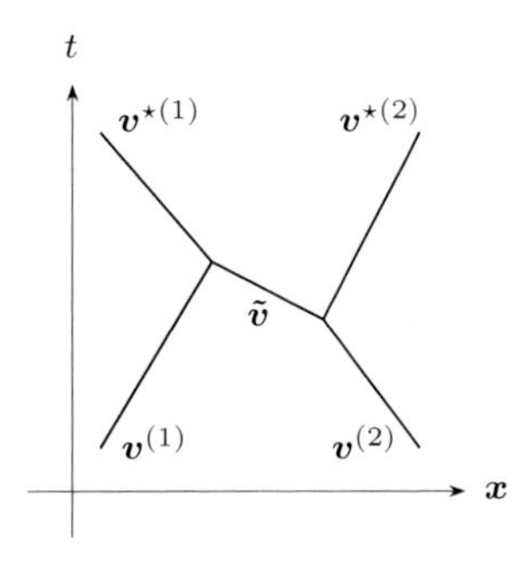

図 2.5　質量 M_1，速度 $\boldsymbol{v}^{(1)}$ の粒子と質量 M_2，速度 $\boldsymbol{v}^{(2)}$ の粒子が衝突し，質量 $M_1^\star$，速度 $\boldsymbol{v}^{\star(1)}$ の粒子と質量 $M_2^\star$，速度 $\boldsymbol{v}^{\star(2)}$ の粒子へ散乱するときの2種類の衝突･散乱を描いた t-$\boldsymbol{x}$ 図。（どちらの図も運動量保存則 (2.43) と質量保存則 (2.44) を満たす衝突･散乱である。）

を導入する。m_n と $m_{n^\star}^\star$ は全て自然数である。M_n と $M_{n^\star}^\star$ の代わりに m_n と $m_{n^\star}^\star$ を使って，運動量保存則 (2.49) と質量保存則 (2.50) を書き直せ。また，書き直した式の物理的な意味を説明せよ。

2.1.4　時間反転の不変性とエネルギー保存則

前項までは時間反転の不変性(1.86)を考慮していなかった。しかし，もし時間反転の不変性が成り立つならば，運動量の総和以外にも保存則が成り立つ物理量の存在が期待できる。[*40] そこで，本項では，空間一様性，空間等方性，時間一様性，空間反転の不変性，時間反転の不変性に加えて，慣性の法則と相対性原理と絶対時間を仮定し，[*41] 2つの点粒子が衝突し散乱する状況を考えよう。これらの仮定は，2.1.1項の冒頭で与えた一連の仮定に時間反転の不変性を加えた仮定である。また，衝突･散乱の議論をやり易くするため，2.1.1項と同様，(2.1) を仮定しよう。この仮定の下では (2.2) が成り立つ。時間反転の不変性が成り立つ衝突･散乱を「弾性衝突」，または，「弾性散乱」という。[*42]

ところで，3次元空間内を運動する点粒子の衝突･散乱は，1次元空間内を運動

[*40] 1.3節によれば，時間反転の不変性は，静の慣性の法則を導くときは不要だったが，動の慣性の法則を導くときは必要だった。それゆえ，ここでも同じ効果を期待するのである。

[*41] 最後の3つの仮定は，Galilei変換を導く仮定である。

[*42] これは通常と異なる定義だが，本項の最後で述べるように，通常の定義と等価になる。

する点粒子の衝突･散乱を3次元空間へ拡張することで得られると期待される。それゆえ，以後しばらくの間は，議論を簡単にするため，1次元空間内を運動する点粒子の衝突･散乱の性質を調べることにしよう。

時間反転の不変性が成り立つ衝突･散乱は，質量 M_1 の点粒子1と質量 M_2 の点粒子2の衝突･散乱の場合，

$$(M_1, v),\ (M_2, -v^\star) \implies (M_1, -v),\ (M_2, v^\star) \tag{2.55}$$

となる。実際，この衝突･散乱は，時間反転

$$v \longrightarrow -v \qquad v^\star \longrightarrow -v^\star \qquad \text{衝突･散乱の時間的順序の入れ替え} \tag{2.56}$$

の下で不変になっている。ところで，(2.31) によれば，系の運動量は衝突･散乱で保存され，衝突･散乱 (2.55) の場合，$M_1 v - M_2 v^\star = -M_1 v + M_2 v^\star$，よって，$M_1 v = M_2 v^\star$ が成り立つ。[*43] これ以外にも保存される物理量，$v^2 = (-v)^2$ と $(-v^\star)^2 = v^{\star 2}$ が存在する。

衝突･散乱 (2.55) を，Galilei 変換を利用して，正の方向へ速度 v_0 で移動する慣性系から見ると，

$$(M_1, v - v_0),\ (M_2, -v^\star - v_0) \implies (M_1, -v - v_0),\ (M_2, v^\star - v_0) \tag{2.57}$$

となる。[*44] この慣性系では，先ほどの関係 $(v - v_0)^2 = (-v - v_0)^2$ と $(-v^\star - v_0)^2 = (v^\star - v_0)^2$ はどちらも成り立たない。しかし，これらの差は，

$$\begin{aligned} (v - v_0)^2 - (-v - v_0)^2 &= -4 v v_0 \\ (-v^\star - v_0)^2 - (v^\star - v_0)^2 &= 4 v^\star v_0 \end{aligned}$$

であるから，運動量保存則から得られる関係式 $M_1 v = M_2 v^\star$ を利用すると，

$$M_1\big((v - v_0)^2 - (-v - v_0)^2\big) + M_2\big((-v^\star - v_0)^2 - (v^\star - v_0)^2\big) = 0$$

よって，

$$M_1 (v - v_0)^2 + M_2 (-v^\star - v_0)^2 = M_1 (-v - v_0)^2 + M_2 (v^\star - v_0)^2$$

---

*43 衝突･散乱 (2.55) の場合，v と $v^\star$ を勝手な実数にすることはできない。

*44 式 (1.148) の下で説明したように，Galilei 変換 (1.147) は，座標系 (t, x) の点粒子の速度 $\dot{x}(t)$ と座標系 (t', x') の点粒子の速度 $\dot{x}'(t')$ の差が座標系同士の相対速度 v_0 となる変換である。

を得る。これは衝突・散乱

$$(M_1, v^{(1)}),\ (M_2, v^{(2)}) \implies (M_1, v^{\star(1)}),\ (M_2, v^{\star(2)}) \tag{2.58}$$

において,[*45]

$$\frac{M_1}{2}(v^{(1)})^2 + \frac{M_2}{2}(v^{(2)})^2 = \frac{M_1}{2}(v^{\star(1)})^2 + \frac{M_2}{2}(v^{\star(2)})^2 \tag{2.59}$$

が成り立つことを意味する。[*46] 衝突 (2.55) は時間反転の不変性を持つ特殊な衝突だったが,[*47] 衝突 (2.58) の $v^{(1)}$ と $v^{(2)}$ はどちらも任意の実数値を取ることができるので，一般的な衝突になることに注目しよう。[*48]

最後に，以上の1次元空間内の衝突・散乱の議論を3次元空間内の衝突・散乱の議論へ拡張してみよう。議論の基本的な流れは1次元空間のときと同じだが，(2.19)・(2.21) から (2.22)・(2.23) を導いたときと同じように，ここではさらに，「3次元空間内の運動は，それぞれの方向で1次元空間の運動と同じ運動をする。」と仮定しよう。すると，1次元版の最終結果 (2.58) と (2.59) は3次元版へ容易に拡張することができて，それぞれ，(2.30) と

$$\frac{M_1}{2}(v_i^{(1)})^2 + \frac{M_2}{2}(v_i^{(2)})^2 = \frac{M_1}{2}(v_i^{\star(1)})^2 + \frac{M_2}{2}(v_i^{\star(2)})^2 \qquad [i=x,\, y,\, z] \tag{2.60}$$

となる。ところが，(2.23) のときとは異なり，(2.60) はスカラーでもベクトルでもないので，空間等方性がない。[*49] しかし，(2.60) の3つの式の辺々を加えると，

$$\frac{M_1}{2}(\boldsymbol{v}^{(1)})^2 + \frac{M_2}{2}(\boldsymbol{v}^{(2)})^2 = \frac{M_1}{2}(\boldsymbol{v}^{\star(1)})^2 + \frac{M_2}{2}(\boldsymbol{v}^{\star(2)})^2 \tag{2.61}$$

となってスカラーとなり，(静の慣性の法則を導くときに鍵となった) 空間等方性を持つ式にすることができる。[*50] そして，この結果から，点粒子間の相互作用は

[*45] この衝突・散乱の自由度の数は，形式的には，$v^{(1)}$, $v^{(2)}$, $v^{\star(1)}$, $v^{\star(2)}$ の4個である。ところが，一般的な衝突・散乱 (2.57) の自由度の数は v と v_0 の2個なので ($v^\star$ は $M_1 v = M_2 v^\star$ を満たす速度として導入されたため独立にならない。)，自由度を減らす2個の制限が期待できる。1つが先ほど紹介した「運動量保存則」で，もう1つが (2.59) である。

[*46] $\frac{1}{2}$ の因子は，後に導入する位置エネルギーや仕事と相性がよいという理由で導入した形式的なものである。

[*47] 過去と未来が対称で，重心が静止する特殊な衝突になる。(重心の定義は (2.142) である。)

[*48] 一般的な衝突・散乱になったため，(2.56) のような時間反転の不変性は失われていることにも注目しよう。これは1.2節の冒頭で述べた事情と同じである。

[*49] 「(2.60) を保存量とする衝突・散乱には，粒子間の相互作用に等方性がない。」と言える。

[*50] (2.61) は，空間回転に対し不変になる。詳しくは問4を参照せよ。

空間の一様性・等方性と時間の一様性と空間・時間反転の不変性を持ち，慣性の法則と相対性原理と絶対時間に従うとき,[*51] 衝突・散乱の前後で,

$$E(t) \;:=\; E^{(1)}(t) + E^{(2)}(t) \tag{2.62}$$

が保存することがわかる。[*52] ただし，$E^{(n)}(t)\,[\,n=1,\,2\,]$ は

$$E^{(n)}(t) \;:=\; \frac{M_n}{2}\big(\boldsymbol{v}^{(n)}(t)\big)^2 \tag{2.63}$$

である。(2.63) は個々の点粒子が持つ物理量で，「運動エネルギー」という。[*53] (2.61) は，個々の点粒子が持つ運動エネルギーの総和が弾性衝突・弾性散乱の過程で保存することを意味しており，「運動エネルギー保存則」とよばれる。[*54] 運動エネルギーという個々の点粒子の物理量が和の形で，衝突の前後で，それぞれ，左辺と右辺にまとまることに注目しよう。[*55]

以上は2個の点粒子の弾性衝突・弾性散乱であったが，3個以上の点粒子から構成される系の中で任意の2個の点粒子が弾性衝突・弾性散乱を何回も繰り返すと，(2.35) のような3個以上の点粒子の弾性衝突・弾性散乱についても上と同じ議論が可能になる。その結果，(2.61) を一般化した運動エネルギー保存則

$$\sum_{n=1}^{N}\frac{1}{2}M_n(\boldsymbol{v}^{(n)})^2 \;=\; \sum_{n^\star=1}^{N}\frac{1}{2}M_{n^\star}(\boldsymbol{v}^{\star(n^\star)})^2 \tag{2.64}$$

が成り立ち，系の運動エネルギー，すなわち，運動エネルギーの総和

$$E(t) \;:=\; \sum_{n=1}^{N} E^{(n)}(t) \tag{2.65}$$

が保存することがわかる。[*56] ただし，$E^{(n)}(t)\,[\,n=1,\,2,\,\ldots,\,N\,]$ は (2.63) である。多数の点粒子が弾性衝突・弾性散乱する場合，途中の段階で多数の弾性衝突・

[*51] これらの仮定は保存量 (2.62) を得るために最低限必要な仮定というわけではないので注意。
[*52] (2.62) も，(2.32) と同様，「保存量」である
[*53] $\frac{1}{2}$ の因子は，先ほどの脚注で述べたように，形式的なものである。
[*54] 次項では，「エネルギー」という概念はさらに拡張され，運動エネルギーはエネルギーの1つの形態となることを見るだろう。そして，運動エネルギー保存則は，より一般的な「エネルギー保存則」の一種となる。
[*55] この性質があるからこそ，運動エネルギーという物理量が個々の点粒子に対して定義できるのである。
[*56] (2.65) も，(2.51) や (2.62) と同様，「保存量」である

弾性散乱が起きるが，どの弾性衝突･弾性散乱も運動エネルギーの総和は保存されるので,[*57] 全体的に見てもこれらの物理量は保存され，(2.64) が成り立つのである。これらの式は $n=1, 2, \ldots, N$ の任意の入れ替え，および，$n^{\star}=1, 2, \ldots, N$ の任意の入れ替えで不変になっており，よって，衝突･散乱の順序に依存しない。[*58]

ところで，エネルギーの総和 $E(t)$ は弾性衝突の前後で保存されるので，時間微分を用いて，運動エネルギー保存則 (2.61) と (2.64) を

$$\dot{E}(t) = 0 \tag{2.66}$$

と表すこともできる。$E(t)$ は (2.62) または (2.65)，ただし (2.63)，である。

運動量保存則は，時間反転の不変性を仮定しない衝突･散乱について成立したのに対し，運動エネルギー保存則は，時間反転の不変性が成り立つ衝突･散乱についてのみ成立する性質である。本項の冒頭では，時間反転の不変性が成り立つ衝突･散乱を弾性衝突･弾性散乱と定義したが，本項で得られた結果を踏まえれば，運動エネルギーの和が保存される衝突･散乱を弾性衝突･弾性散乱と定義することができる。[*59]

2.1.4項の演習問題

問 1$^{\rm A}$ 衝突･散乱 (2.55) が (2.56) の下で不変であることを説明せよ。

問 2$^{\rm A}$ 運動量保存則を満たし，なおかつ，たとえば2体ならば，次の3つの条件のいずれかを満たす衝突･散乱を弾性衝突･弾性散乱という。衝突･散乱 (2.58) において，次の3つの条件は，運動量保存則を導いたときの仮定の下で等価になる。これを示せ。[*60]

1) 時間反転の不変性を持つ衝突･散乱をGalilei変換した衝突･散乱 (2.57)
2) 次の条件を満たす衝突･散乱

$$v^{(1)} - v^{(2)} = -\left(v^{\star(1)} - v^{\star(2)}\right) \tag{2.67}$$

3) 運動エネルギー保存則 (2.59) を満たす衝突･散乱

[*57] これは，2.1.1項の「**基本粒子による衝突･散乱の素過程**」の議論と同じ理屈である。

[*58] 運動エネルギーの和に関して，交換法則と結合法則が成り立つのである。

[*59] 後者の定義が弾性衝突･弾性散乱の通常の定義である。（詳しくは，問2を参照せよ。）

[*60] 衝突･散乱 (2.58) では運動量変化が起きるので，$v^{(1)} \neq v^{\star(1)}$ と $v^{(2)} \neq v^{\star(2)}$ が成り立つ。

問 3^{A} 2粒子が合体して1粒子になるとき，または，1粒子が分離して2粒子になるとき，運動エネルギーの総和は保存されない。これを示せ。

問 4^{B} 運動エネルギー保存則 (2.64) は空間一様性と等方性，時間一様性，空間反転の不変性，時間反転の不変性を全て持つ。これを示せ。[*61]

問 5^{C} 運動量保存則 (2.49) と質量保存則 (2.50) を見ると，運動エネルギー保存則についても

$$\sum_{n=1}^{N} \frac{1}{2} M_n (\boldsymbol{v}^{(n)})^2 \stackrel{?}{=} \sum_{n^\star=1}^{N^\star} \frac{1}{2} M^\star_{n^\star} (\boldsymbol{v}^{\star(n^\star)})^2$$

$$[\text{ただし，質量 } M_n \text{ と } M^\star_{n^\star} \text{ は (2.50) を満たす。}] \tag{2.68}$$

が成り立つように思えるが，必ず成り立つわけではない。その理由を述べよ。[*62]

問 6^{C} 下記のように2個の点粒子が時刻 $t=0$ で合体し，その後，時刻 $t=T$ で分離する。この衝突・散乱を時間反転の不変性の観点から議論せよ。

$$(M, v), (M, -v) \overset{t=0}{\Longrightarrow} (2M, 0) \overset{t=T}{\Longrightarrow} (M, -v), (M, v) \tag{2.69}$$

問 7^{A} エネルギー (2.63) の座標表示について以下の問いに答えよ。

a) エネルギーを3次元 Cartesian 座標系で表せ。

b) エネルギーを3次元円筒座標系で表せ。

c) エネルギーを3次元球座標系で表せ。

2.2 Newtonの運動方程式

本節では，「力」という新しい概念を導入し，2階微分の運動方程式(1.27)と運動量保存則 (2.38) から Newton の運動方程式と作用・反作用の法則を導く。

2.2.1 作用・反作用の法則と Newton の運動方程式

いくつかの点粒子が衝突・散乱する状況において，個々の点粒子が持つ運動量の時間変化について考えよう。ただし，本項では 2.1.2 項で議論をした質量を交換しない衝突・散乱を扱う。

---

*61 2.1.2 項問 2 の類題。この問いでは，衝突・散乱 (2.35) を，空間並進，空間回転，時間並進，空間反転，時間反転した衝突・散乱が，運動エネルギー保存則 (2.64) を満たすことを確認する。

*62 2.1.3 項の問 4 と同じ考え方をするとよい。

最も簡単な状況は，(2.30) のように2つの点粒子が衝突・散乱する場合である。運動量の時間変化を調べたいので，系の運動量 (2.32)・(2.33)$[n=1,\,2]$ を時間微分する。すると，

$$\dot{\boldsymbol{P}}(t) \;=\; M_1\dot{\boldsymbol{v}}^{(1)}(t) + M_2\dot{\boldsymbol{v}}^{(2)}(t)$$

となり，運動量保存則 $\dot{\boldsymbol{P}}(t)=\boldsymbol{0}$ (2.38)，および，$\boldsymbol{v}^{(1)}(t)=\dot{\boldsymbol{x}}^{(1)}(t)$, $\boldsymbol{v}^{(2)}(t)=\dot{\boldsymbol{x}}^{(2)}(t)$ を利用すると，

$$M_1\ddot{\boldsymbol{x}}^{(1)}(t) + M_2\ddot{\boldsymbol{x}}^{(2)}(t) \;=\; \boldsymbol{0} \tag{2.70}$$

を得る。ところで，2つの点粒子の運動方程式は (1.31) である。これを利用すると，(2.70) は，

$$M_1\boldsymbol{f}^{(1)} + M_2\boldsymbol{f}^{(2)} \;=\; \boldsymbol{0} \tag{2.71}$$

と書き換えることができて，起動因子 $\boldsymbol{f}^{(1)}$ と $\boldsymbol{f}^{(2)}$ の関係を得る。[*63] ここで，起動因子 $\boldsymbol{f}^{(1)}$ と $\boldsymbol{f}^{(2)}$ の代わりに

$$\boldsymbol{F}^{(n)} \;:=\; M_n\boldsymbol{f}^{(n)} \tag{2.73}$$

$[n=1,\,2]$ を導入しよう。[*64] すると，運動方程式 (1.31) は

$$M_n\ddot{\boldsymbol{x}}^{(n)}(t) \;=\; \boldsymbol{F}^{(n)} \tag{2.75}$$

$[n=1,\,2]$ となり，(2.71) は

$$\boldsymbol{F}^{(1)} + \boldsymbol{F}^{(2)} \;=\; \boldsymbol{0} \tag{2.76}$$

---

*63 $\boldsymbol{f}^{(1)}$ と $\boldsymbol{f}^{(2)}$ は，(1.31) の右辺のように，どちらも，$\boldsymbol{x}^{(1)}(t)$, $\boldsymbol{x}^{(2)}(t)$, $\dot{\boldsymbol{x}}^{(1)}(t)$, $\dot{\boldsymbol{x}}^{(2)}(t)$, t の関数なので，(2.71) は，正確には，

$$\begin{aligned} &M_1\boldsymbol{f}^{(1)}\big(\boldsymbol{x}^{(1)}(t),\boldsymbol{x}^{(2)}(t),\dot{\boldsymbol{x}}^{(1)}(t),\dot{\boldsymbol{x}}^{(2)}(t);t\big) \\ &+ M_2\boldsymbol{f}^{(2)}\big(\boldsymbol{x}^{(1)}(t),\boldsymbol{x}^{(2)}(t),\dot{\boldsymbol{x}}^{(1)}(t),\dot{\boldsymbol{x}}^{(2)}(t);t\big) \;=\; \boldsymbol{0} \end{aligned} \tag{2.72}$$

である。しかし，ここでは，式をスッキリ見せるために敢えて省略した。

*64 $\boldsymbol{F}^{(1)}$ と $\boldsymbol{F}^{(2)}$ は，$\boldsymbol{f}^{(1)}$ と $\boldsymbol{f}^{(2)}$ と同様，(1.31) の右辺のように，どちらも，$\boldsymbol{x}^{(1)}(t)$, $\boldsymbol{x}^{(2)}(t)$, $\dot{\boldsymbol{x}}^{(1)}(t)$, $\dot{\boldsymbol{x}}^{(2)}(t)$, t の関数なので，(2.73) は，正確には，

$$\begin{aligned} &\boldsymbol{F}^{(n)}\big(\boldsymbol{x}^{(1)}(t),\boldsymbol{x}^{(2)}(t),\dot{\boldsymbol{x}}^{(1)}(t),\dot{\boldsymbol{x}}^{(2)}(t);t\big) \\ &:= M_n\boldsymbol{f}^{(n)}\big(\boldsymbol{x}^{(1)}(t),\boldsymbol{x}^{(2)}(t),\dot{\boldsymbol{x}}^{(1)}(t),\dot{\boldsymbol{x}}^{(2)}(t);t\big) \end{aligned} \tag{2.74}$$

$[n=1,\,2]$ である。

となる。[*65] $\boldsymbol{F}^{(1)}$と$\boldsymbol{F}^{(2)}$は，それぞれ，点粒子1と2に働く物理量で，「力」とよばれる。[*66] (2.75)は「Newtonの運動方程式」とよばれ，[*67]

$$\ddot{\boldsymbol{x}}^{(n)}(t) \;=\; \frac{\boldsymbol{F}^{(n)}}{M_n} \tag{2.79}$$

と書き換えると，「点粒子の加速度は，点粒子が受ける力に比例し，点粒子の質量に反比例すること」がわかる。質量が大きければ大きいほど加速度$\ddot{\boldsymbol{x}}^{(n)}(t)$は零，つまり，静と動の慣性$\ddot{\boldsymbol{x}}^{(n)}(t)=\mathbf{0}^{\,(1.95)}$に近づくのである。それゆえ，(2.75)・(2.79)に現れる質量M_nを「慣性質量」とよぶこともある。Newtonの運動方程式(2.75)は，いつでも(2.79)の形に，よって，いつでも(1.30)の形に変形できるので，[*68] 運動方程式の一種であることにも注目しよう。特に，力$\boldsymbol{F}^{(n)}$が零になるとき，(2.79)は静と動の慣性$\ddot{\boldsymbol{x}}^{(n)}(t)=\mathbf{0}^{\,(1.95)}$となるが，これは，Newtonの運動方程式が慣性の法則とは矛盾がなく，非慣性系では成り立たないことを意味する。[*69] (2.76)は，「点粒子間に働く力は，大きさが同じで向きが反対になること」を意味し，「作用・反作用の法則」とよばれる。[*70] Newtonの運動方程式(2.75)の下では，運動量保存則と作用・反作用の法則は同じ法則になることにも注目しよう。[*71]

[*65] $\boldsymbol{F}^{(1)}$と$\boldsymbol{F}^{(2)}$は，どちらも，$\boldsymbol{x}^{(1)}(t)$, $\boldsymbol{x}^{(2)}(t)$, $\dot{\boldsymbol{x}}^{(1)}(t)$, $\dot{\boldsymbol{x}}^{(2)}(t)$, tの関数なので，(2.75)は，正確には，

$$M_n\ddot{\boldsymbol{x}}^{(n)}(t) \;=\; \boldsymbol{F}^{(n)}\big(\boldsymbol{x}^{(1)}(t),\boldsymbol{x}^{(2)}(t),\dot{\boldsymbol{x}}^{(1)}(t),\dot{\boldsymbol{x}}^{(2)}(t);t\big) \tag{2.77}$$

$[\,n=1,\,2\,]$であり，(2.76)は，正確には，

$$\begin{aligned}&\boldsymbol{F}^{(1)}\big(\boldsymbol{x}^{(1)}(t),\boldsymbol{x}^{(2)}(t),\dot{\boldsymbol{x}}^{(1)}(t),\dot{\boldsymbol{x}}^{(2)}(t);t\big)\\ &+\boldsymbol{F}^{(2)}\big(\boldsymbol{x}^{(1)}(t),\boldsymbol{x}^{(2)}(t),\dot{\boldsymbol{x}}^{(1)}(t),\dot{\boldsymbol{x}}^{(2)}(t);t\big) \;=\; \mathbf{0}\end{aligned} \tag{2.78}$$

である。

[*66] ここでは，起動因子に質量を掛けたものを力と定義する。しかし，後に登場する保存力の場合は，位置エネルギーを利用した(2.131)によって力の定義とすることが可能になる。

[*67] 「Newtonの第2法則」ともよばれる。

[*68] (1.30)は仮定(1.24)に起因する運動方程式なので，Newtonの運動方程式(2.75)もこの仮定に起因する。既に説明したように，仮定(1.24)から慣性の法則，Galilei変換，運動量保存則，そして，Newtonの運動方程式(2.75)へと繋がるからである。(1.24)の代わりに他の仮定，たとえば，(1.25)や(1.26)を採用すると，ここの説明とは違った状況になるが，観測事実と異なる状況なので，本書では扱わない。

[*69] 本章の冒頭から慣性系の運動を議論してきたのだから，Newtonの運動方程式が慣性系で成り立つのは当然である。

[*70] 「Newtonの第3法則」ともよばれる。

[*71] 本項の議論では，運動量保存則(2.70)が作用・反作用の法則(2.76)となるように力(2.73)を

(2.35) のように3個以上の点粒子が衝突･散乱する場合は，系の運動量 (2.37)･(2.33) $[n=1, 2, \ldots, N]$ を時間微分すると，

$$\dot{\boldsymbol{P}}(t) = \sum_{n=1}^{N} M_n \dot{\boldsymbol{v}}^{(n)}(t)$$

となり，運動量保存則 $\dot{\boldsymbol{P}}(t)=\boldsymbol{0}$ (2.38)，および，$\boldsymbol{v}^{(n)}(t) = \dot{\boldsymbol{x}}^{(n)}(t)\,[n=1, 2, \ldots, N]$ を利用すると，

$$\sum_{n=1}^{N} M_n \ddot{\boldsymbol{x}}^{(n)}(t) = \boldsymbol{0} \tag{2.80}$$

を得る。ここで，2個の点粒子の系と同様に，N 個の点粒子の運動方程式 (1.33) を利用すると，(2.80) は，

$$\sum_{n=1}^{N} M_n \boldsymbol{f}^{(n)} = \boldsymbol{0} \tag{2.81}$$

と書き換えることができて，起動因子 $\boldsymbol{f}^{(n)}\,[n=1, 2, \ldots, N]$ の関係を得る。ここで，起動因子 $\boldsymbol{f}^{(n)}\,[n=1, 2, \ldots, N]$ の代わりに $\boldsymbol{F}^{(n)}$ (2.73) $[n=1, 2, \ldots, N]$ を導入しよう。[*72] すると，運動方程式 (1.33) は2個の点粒子の系と同じ (2.75) $[n=1, 2, \ldots, N]$ となり，(2.81) は

$$\sum_{n=1}^{N} \boldsymbol{F}^{(n)} = \boldsymbol{0} \tag{2.83}$$

となる。[*73] (2.83) は「個々の点粒子に働く力の総和は，零になること」を意味し，系全体の力の釣り合いを表している。

定義し，Newton の運動方程式 (2.75) を得ている。逆に言えば，運動方程式 (1.31) の両辺に質量を掛ければ Newton の運動方程式 (2.75) が得られるわけだが，これだけで力を導入する理由にはならず，運動量保存則 (2.70) と作用･反作用の法則 (2.76) の存在は必須である。

[*72] $\boldsymbol{F}^{(n)}\,[n=1, 2, \ldots, N]$ は，$\boldsymbol{f}^{(n)}\,[n=1, 2, \ldots, N]$ と同様，(1.33) の右辺のように，どちらも，$\boldsymbol{x}^{(1)}(t)$, $\boldsymbol{x}^{(2)}(t)$, $\ldots$, $\boldsymbol{x}^{(N)}(t)$, $\dot{\boldsymbol{x}}^{(1)}(t)$, $\dot{\boldsymbol{x}}^{(2)}(t)$, $\ldots$, $\dot{\boldsymbol{x}}^{(N)}(t)$, t の関数なので，(2.73) は，正確には，

$$\begin{aligned}&\boldsymbol{F}^{(n)}\big(\boldsymbol{x}^{(1)}(t), \boldsymbol{x}^{(2)}(t), \ldots, \boldsymbol{x}^{(N)}(t), \dot{\boldsymbol{x}}^{(1)}(t), \dot{\boldsymbol{x}}^{(2)}(t), \ldots, \dot{\boldsymbol{x}}^{(N)}(t); t\big)\\ &:= M_n \boldsymbol{f}^{(n)}\big(\boldsymbol{x}^{(1)}(t), \boldsymbol{x}^{(2)}(t), \ldots, \boldsymbol{x}^{(N)}(t), \dot{\boldsymbol{x}}^{(1)}(t), \dot{\boldsymbol{x}}^{(2)}(t), \ldots, \dot{\boldsymbol{x}}^{(N)}(t); t\big)\end{aligned} \tag{2.82}$$

$[n=1, 2, \ldots, N]$ である。

[*73] $\boldsymbol{F}^{(n)}\,[n=1, 2, \ldots, N]$ は，いずれも，$\boldsymbol{x}^{(1)}(t)$, $\boldsymbol{x}^{(2)}(t)$, $\ldots$, $\boldsymbol{x}^{(N)}(t)$, $\dot{\boldsymbol{x}}^{(1)}(t)$, $\dot{\boldsymbol{x}}^{(2)}(t)$,

力は，定義 (2.73) から起動因子の役割を引き継ぎ,*74 しかも，作用・反作用の法則 (2.76) や力の釣り合い (2.83) の性質をも合わせ持つ物理量なのである。*75

2.2.1項の演習問題

問 1[A] 速度変化が微小で

$$\boldsymbol{v}^{\star(n)} \;=\; \boldsymbol{v}^{(n)} + \Delta\boldsymbol{v}^{(n)} \tag{2.86}$$

$[\,n\!=\!1,\,2\,]$ となる衝突・散乱 (2.30) を利用し，運動量保存則 (2.31) から (2.70) を導け。

問 2[A] 速度変化が微小で (2.86) $[\,n\!=\!1,\,2,\,\ldots,\,N\,]$ となる衝突・散乱 (2.35) を利用し，運動量保存則 (2.36) から (2.80) を導け。

問 3[A] (1.33) と (2.80) から Newton の運動方程式 (2.75) $[\,n\!=\!1,\,2,\,\ldots,\,N\,]$ と力の釣り合い (2.83) を導け。

問 4[A] 次の系における点粒子の運動方程式を導け。

a) 質量 M の点粒子が一定の力 F を受けながら 1 次元空間内を運動する系。

b) 質量 M の点粒子がバネ定数 k を持つバネによって 1 次元空間内を調和振動する系。ただし，バネの質量を零，自然長を l とする。

問 5[A] **【単振り子】** 単振り子の張力，および，運動方程式を求めよ。この振り子は，質量 M の点粒子をおもりとする長さ l の振り子で，点粒子は鉛直面内を運動するものとする。また，振り子の糸*76の質量を零，重力加速度を g とする。

$\ldots,\,\dot{\boldsymbol{x}}^{(N)}(t),\,t$ の関数なので，(2.75) は，正確には，

$$M_n\,\ddot{\boldsymbol{x}}^{(n)}(t) \;=\; \boldsymbol{F}^{(n)}\big(\boldsymbol{x}^{(1)}(t),\boldsymbol{x}^{(2)}(t),\ldots,\boldsymbol{x}^{(N)}(t),\dot{\boldsymbol{x}}^{(1)}(t),\dot{\boldsymbol{x}}^{(2)}(t),\ldots,\dot{\boldsymbol{x}}^{(N)}(t);t\big) \tag{2.84}$$

$[\,n\!=\!1,\,2,\,\ldots,\,N\,]$ であり，(2.83) は，正確には，

$$\sum_{n=1}^{N}\boldsymbol{F}^{(n)}\big(\boldsymbol{x}^{(1)}(t),\boldsymbol{x}^{(2)}(t),\ldots,\boldsymbol{x}^{(N)}(t),\dot{\boldsymbol{x}}^{(1)}(t),\dot{\boldsymbol{x}}^{(2)}(t),\ldots,\dot{\boldsymbol{x}}^{(N)}(t);t\big) \;=\; \boldsymbol{0} \tag{2.85}$$

である。

*74 力の定義である (2.73) の右辺は，位置 $\boldsymbol{x}^{(n)}(t)$，速度 $\dot{\boldsymbol{x}}^{(n)}(t)$，時刻 t の関数になっているので，これも起動因子の一種である。だからこそ，「点粒子に働く」という表現が可能になる。

*75 脚注(*71)の繰り返しになるが，力という物理量の存在に運動量保存則は重要。つまり，力と運動量には密接な繋がりがある。これは，Newton の運動方程式 (2.75) と (2.91) が，どちらも (2.98) という簡単な形に書き直すことができることからも理解できる。

*76 糸は質量が零の物体で，張力はいたるところ同じになる。

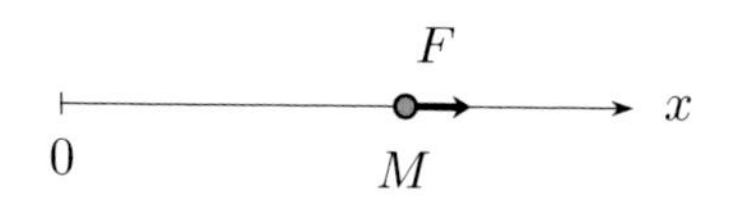

図 2.6　問 4 a)の系

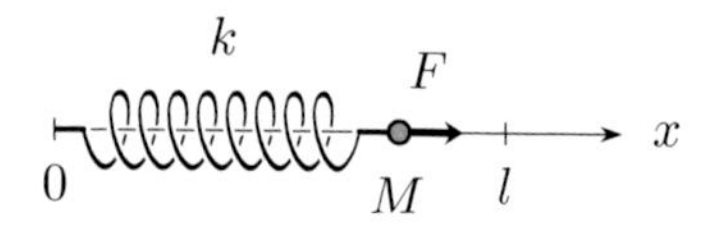

図 2.7　問 4 b)の系

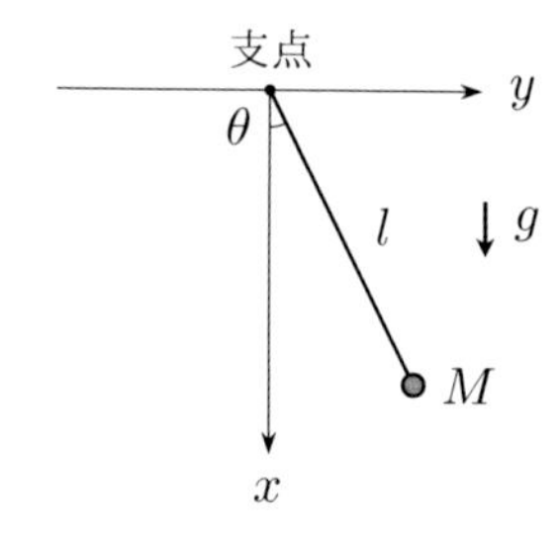

図 2.8　単振り子

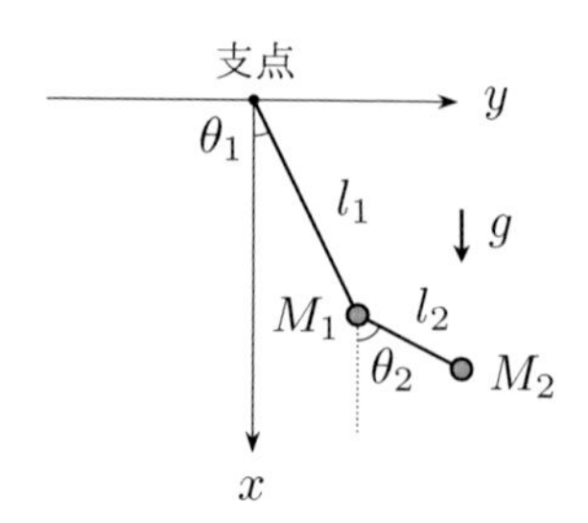

図 2.9　2 重振り子

問 6[A] **【単振り子】** 問 5 の系において，支点を水平方向に強制的に $f(t)$ だけ動かす。このときの振り子の運動方程式を求めよ。

問 7[C] **【2 重振り子】** 2 重振り子が鉛直面内を運動するときの運動方程式を求めよ。ただし，上の振り子の長さを l_1，鉛直下方からの回転角を θ_1，その先端に取り付けられた点粒子の質量を M_1，下の振り子の長さを l_2，鉛直下方からの回転角を θ_2，その先端に取り付けられた点粒子の質量を M_2 とする。また，振り子の糸の質量を零，重力加速度を g とする。[*77]

[*77] 上の振り子の位置は，上の振り子の支点を原点とすれば，$\boldsymbol{x}_1 = l_1 \mathbf{e}_{r_1}$ である。一方，下の振り子の位置は，下の振り子の支点を原点とすれば，$\boldsymbol{x}_2 = l_2 \mathbf{e}_{r_2}$ であるから，上の振り子の支点を原点とすれば，$\boldsymbol{x}_1 + \boldsymbol{x}_2 = l_1 \mathbf{e}_{r_1} + l_2 \mathbf{e}_{r_2}$ となる。ただし，$\mathbf{e}_{r_1}$ と $\mathbf{e}_{r_2}$ は，それぞれ，角度 θ_1 と θ_2 に対する極座標系の単位ベクトルで，

$$
\begin{aligned}
\mathbf{e}_{r_1} &= \cos\theta_1 \mathbf{e}_x + \sin\theta_1 \mathbf{e}_y \\
\mathbf{e}_{r_2} &= \cos\theta_2 \mathbf{e}_x + \sin\theta_2 \mathbf{e}_y
\end{aligned}
$$

であり，これらと直交する単位ベクトルは，それぞれ，

$$
\begin{aligned}
\mathbf{e}_{\theta_1} &= -\sin\theta_1 \mathbf{e}_x + \cos\theta_1 \mathbf{e}_y \\
\mathbf{e}_{\theta_2} &= -\sin\theta_2 \mathbf{e}_x + \cos\theta_2 \mathbf{e}_y
\end{aligned}
$$

である。

2.2.2 質量変化があるときのNewtonの運動方程式※

いくつかの点粒子が衝突・散乱する状況において，個々の点粒子が持つ運動量の時間変化について考えよう。ただし，本項では2.1.3項で議論をした質量を交換する衝突・散乱を扱う。粒子数$N(t)$は，一般に，時刻tに依存するのだが，衝突・散乱の中に質量零の点粒子を加え，時刻tについて一定になるようにする。[*78]

最も簡単な状況は，(2.41) のように2つの点粒子が衝突・散乱する場合である。運動量の時間変化を調べたいので，系の運動量 (2.32)･(2.46) $[n=1, 2]$ を時間微分する。すると，

$$\dot{\boldsymbol{P}}(t) = M_1(t)\dot{\boldsymbol{v}}^{(1)}(t) + \dot{M}_1(t)\boldsymbol{v}^{(1)}(t) + M_2(t)\dot{\boldsymbol{v}}^{(2)}(t) + \dot{M}_2(t)\boldsymbol{v}^{(2)}(t)$$

となり,[*79] 運動量保存則 $\dot{\boldsymbol{P}}(t)=\boldsymbol{0}$ (2.38)，および，$\boldsymbol{v}^{(1)}(t) = \dot{\boldsymbol{x}}^{(1)}(t)$，$\boldsymbol{v}^{(2)}(t) = \dot{\boldsymbol{x}}^{(2)}(t)$ を利用すると，

$$M_1(t)\ddot{\boldsymbol{x}}^{(1)}(t) + \dot{M}_1(t)\dot{\boldsymbol{x}}^{(1)}(t) + M_2(t)\ddot{\boldsymbol{x}}^{(2)}(t) + \dot{M}_2(t)\dot{\boldsymbol{x}}^{(2)}(t) = \boldsymbol{0} \qquad (2.87)$$

を得る。また，系の質量 (2.45) を時間微分すると，

$$\dot{M}(t) = \dot{M}_1(t) + \dot{M}_2(t)$$

となり，質量保存則 (2.53) を利用すると，

$$\dot{M}_1(t) + \dot{M}_2(t) = 0 \qquad (2.88)$$

を得る。ところで，2つの点粒子の運動方程式は (1.31) であるから，起動因子 $\boldsymbol{f}^{(1)}$ と $\boldsymbol{f}^{(2)}$ を使うと，(2.87) は，

$$M_1(t)\boldsymbol{f}^{(1)} + \dot{M}_1(t)\dot{\boldsymbol{x}}^{(1)}(t) + M_2(t)\boldsymbol{f}^{(2)} + \dot{M}_2(t)\dot{\boldsymbol{x}}^{(2)}(t) = \boldsymbol{0} \qquad (2.89)$$

と書き換えることができる。[*80] ここで，起動因子 $\boldsymbol{f}^{(1)}$ と $\boldsymbol{f}^{(2)}$ の代わりに

$$\boldsymbol{F}^{(n)} := M_n(t)\boldsymbol{f}^{(n)} + \dot{M}_n(t)\dot{\boldsymbol{x}}^{(n)}(t) \qquad (2.90)$$

*78 衝突・散乱の前後で粒子数の少ない方に質量零の点粒子を加えるなら，N と $N^\star$ の大きい方を改めてNとすることになる。

*79 本項で扱うのは質量を交換する衝突・散乱なので，(2.70) を導いたときと異なり，質量M_1とM_2は時間変化することに注意する必要がある。

*80 $\boldsymbol{f}^{(1)}$ と $\boldsymbol{f}^{(2)}$ は，(1.31) の右辺のように，どちらも，$\boldsymbol{x}^{(1)}(t)$, $\boldsymbol{x}^{(2)}(t)$, $\dot{\boldsymbol{x}}^{(1)}(t)$, $\dot{\boldsymbol{x}}^{(2)}(t)$, tの関数であるが，式をスッキリ見せるために敢えて省略した。

$[n=1,\,2]$ を導入しよう。[*81] すると，運動方程式 (1.31) は，

$$M_n(t)\ddot{\boldsymbol{x}}^{(n)}(t) \;=\; \boldsymbol{F}^{(n)} - \dot{M}_n(t)\dot{\boldsymbol{x}}^{(n)}(t) \tag{2.91}$$

$[n=1,\,2]$ となり，(2.89) は (2.76) となる。$\boldsymbol{F}^{(1)}$ と $\boldsymbol{F}^{(2)}$ は，それぞれ，点粒子1と2に働く力である。(2.91) は「質量変化があるときのNewtonの運動方程式」である。2個の点粒子が質量交換をしながら衝突･散乱する場合，Newtonの運動方程式は修正されて (2.91) となるのに対し，作用･反作用の法則 (2.76) は修正されないのである。

(2.48) のように3個以上の点粒子が衝突･散乱する場合は，系の運動量 (2.37)･(2.46) $[n=1,\,2,\,\ldots,\,N]$ を時間微分すると，

$$\dot{\boldsymbol{P}}(t) \;=\; \sum_{n=1}^{N}\bigl(M_n(t)\dot{\boldsymbol{v}}^{(n)}(t) + \dot{M}_n(t)\boldsymbol{v}^{(n)}(t)\bigr)$$

となり，[*82] 運動量保存則 $\dot{\boldsymbol{P}}(t)=\boldsymbol{0}$ (2.38)，および，$\boldsymbol{v}^{(n)}(t) = \dot{\boldsymbol{x}}^{(n)}(t)\,[n=1,\,2,\,\ldots,\,N]$ を利用すると，

$$\sum_{n=1}^{N}\bigl(M_n(t)\ddot{\boldsymbol{x}}^{(n)}(t) + \dot{M}_n(t)\dot{\boldsymbol{x}}^{(n)}(t)\bigr) \;=\; \boldsymbol{0} \tag{2.92}$$

を得る。また，系の質量 (2.52) を時間微分すると，

$$\dot{M}(t) \;=\; \sum_{n=1}^{N}\dot{M}_n(t)$$

となり，質量保存則 (2.53) を利用すると，

$$\sum_{n=1}^{N}\dot{M}_n(t) \;=\; 0 \tag{2.93}$$

を得る。ここで，2個の点粒子の衝突･散乱と同様に，起動因子 $\boldsymbol{f}^{(n)}\,[n=1,\,2,\,\ldots,\,N]$ を利用して点粒子 n に働く力 $\boldsymbol{F}^{(n)}$(2.90) $[n=1,\,2,\,\ldots,\,N]$ を導入する

[*81] $\boldsymbol{F}^{(1)}$ と $\boldsymbol{F}^{(2)}$ は，$\boldsymbol{f}^{(1)}$ と $\boldsymbol{f}^{(2)}$ と同様，(1.31) の右辺のように，どちらも，$\boldsymbol{x}^{(1)}(t)$, $\boldsymbol{x}^{(2)}(t)$, $\dot{\boldsymbol{x}}^{(1)}(t)$, $\dot{\boldsymbol{x}}^{(2)}(t)$, t の関数である。

[*82] 本項で扱うのは質量を交換する衝突･散乱なので，(2.80) を導いたときと異なり，質量 M_n $[n=1,\,2,\,\ldots,\,N]$ は時間変化することに注意する必要がある。

と，運動方程式 (1.33) は2個の点粒子の衝突·散乱と同じ (2.91) [$n=1, 2, \ldots, N$] となり，(2.92) は (2.83) となる。3個以上の点粒子が質量交換をしながら衝突·散乱する場合，2個の点粒子の衝突·散乱と同様，Newtonの運動方程式は修正されて (2.91) となるのに対し，系全体の力の釣り合いを表す式 (2.83) は修正されないのである。

質量変化が生じる場合でも，前項の最後で述べたように，力は，定義 (2.90) から起動因子の役割を引き継ぎ，*83 しかも，作用·反作用の法則 (2.76) や力の釣り合い (2.83) の性質をも合わせ持つ物理量なのである。

2.2.2項の演習問題

問 1^{B} 速度変化と質量変化が微小で，それぞれ，(2.86) [$n=1, 2$],

$$M_n^\star \;=\; M_n + \Delta M_n \tag{2.94}$$

[$n=1, 2$] となる衝突·散乱 (2.41) を利用し，(2.87) と (2.88) を導け。

問 2^{B} 速度変化と質量変化が微小で，それぞれ，(2.86)，(2.94) [$n=1, 2, \ldots, N$] となる衝突·散乱 (2.48) を利用し，(2.92) と (2.93) を導け。

問 3^{B} (1.33) と (2.92) から質量変化があるときのNewtonの運動方程式 (2.91) と力の釣り合い (2.83) を導け。*84

問 4^{B} 力 $\boldsymbol{F}^{(n)}$ [$n=1, 2$] の定義を (2.73) とすると，運動方程式は質量変化があるときも (2.75) となるが，作用·反作用は修正される。これについて議論せよ。

問 5^{B} 重力加速度 g の一様重力場中，床の上に鎖の塊が置かれている。鎖の質量は単位長さあたり ρ である。ここで，鎖の片方の端を持ち，持ち上げた部分がまっすぐになる程度の小さな加速度で，鎖を鉛直方向に引き上げた。次の文章は鎖を引く力に関するものだが，誤りがある。誤りを指摘し，正しい文章に直せ。

鎖の高さが x のとき，その速さは $v=\dot{x}$，重心の高さは $h=\frac{x}{2}$ である。また，引き上げた鎖の質量は $M=\rho x$。よって，鎖の持つエネルギーは，

$$E \;=\; \frac{1}{2}Mv^2 + Mgh \;=\; \frac{1}{2}\rho x\dot{x}^2 + \rho xg\frac{x}{2} \;=\; \frac{\rho}{2}x(\dot{x}^2 + gx) \tag{2.95}$$

---

*83 力の定義である (2.90) の右辺は，位置 $\boldsymbol{x}^{(n)}(t)$，速度 $\dot{\boldsymbol{x}}^{(n)}(t)$，時刻 t の関数になっているので，これも起動因子の一種である。だからこそ，「点粒子に働く」という表現が可能になる。

*84 これは2.2.1項の問3を質量変化があるときのNewtonの運動方程式に拡張した問いである。

となり，エネルギーの時間変化は，

$$\frac{\mathrm{d}E}{\mathrm{d}t} = \rho\dot{x}\left(\frac{1}{2}\dot{x}^2 + x\ddot{x} + gx\right) \tag{2.96}$$

となる。ところで，エネルギー E と鎖を引く力 F の関係は，$\mathrm{d}E = F\mathrm{d}x = F\dot{x}\mathrm{d}t$ である。したがって，この式と (2.96) より，

$$F = \frac{1}{\dot{x}}\frac{\mathrm{d}E}{\mathrm{d}t} = \rho\left(\frac{1}{2}\dot{x}^2 + x\ddot{x} + gx\right) \tag{2.97}$$

を得る。これが鎖の端が高さ x となったときの鎖を引く力である。

問 6^{B} **【ロケットの推進原理】** ロケットは自身の質量の一部を一定方向に放出し，加速する。これがロケットの推進原理である。今ここに，1次元空間内を，単位時間あたり質量 μ の質量を相対速度 $-u$ $[u>0]$ で噴出しながら，外力を受けずに進む質量 M のロケットがある。[*85] ただし，噴出する質量は予めロケットに積み込んだ物質を利用し，補給することはない。これについて以下の問いに答えよ。

a) このロケットの運動方程式を求めよ。[*86]

b) 初速度零，質量 M_0 で発射されたロケットが，単位時間あたり一定量の燃料を一定の相対速度で噴出し続けるとき，時刻 t 後に進む距離 $x(t)$ を求めよ。

c) 質量 M_0 で発射されたロケットが，一定の相対速度で燃料を噴出し続け，加速度 a の等加速度運動をする。このときの $\mu(t)$ を求めよ。

2.2.3 運動量と力

本項では，運動量と力の関係について調べよう。

最初に，2.2.1項で調べた質量交換がないときの運動量と力の関係を調べよう。質量変化がないときのNewtonの運動方程式 (2.75) は，運動量 (2.33) を利用すると，

$$\dot{\boldsymbol{p}}^{(n)}(t) = \boldsymbol{F}^{(n)} \tag{2.98}$$

[*85] 質量が時間変化するため，Newtonの運動方程式 (2.75) は成り立たないので注意しよう。

[*86] μ と u は時間について定数とはせず，一般的に扱うこと。

と書き換えることができる。これは「単位時間あたりの点粒子の運動量変化は，点粒子が受ける力に等しい。」を意味する。また，(2.98) を時間について積分すると，

$$\boldsymbol{p}^{(n)}(t) \;=\; \int \mathrm{d}t\, \boldsymbol{F}^{(n)} \tag{2.99}$$

を得る。右辺の $\int \mathrm{d}t \boldsymbol{F}^{(n)}$ を「力積」といい，この式から運動量が「並進運動の勢い」を表していることが理解できる。

次に，いくつかの点粒子から構成される系に対し，外部から力が働く場合を考えよう。このような状況を考えるためには，点粒子 1, 2, 3, ... からなる系を 2 つに分割し，一部の点粒子 1, 2, ..., N を注目する系，その他の点粒子から構成される系を外部とみなせばよい。そこで，注目する系の点粒子について和を取ると，(2.75) と (2.98) から，それぞれ，

$$\dot{\boldsymbol{P}}(t) \;=\; M_{\mathrm{total}}\ddot{\boldsymbol{X}}(t) \;=\; \boldsymbol{F} \tag{2.100}$$

を得る。また，(2.100) を時間について積分すると，

$$\boldsymbol{P}(t) \;=\; M_{\mathrm{total}}\dot{\boldsymbol{X}}(t) \;=\; \int \mathrm{d}t\, \boldsymbol{F} \tag{2.101}$$

を得る。[*87] ただし，

$$\boldsymbol{X}(t) \;:=\; \frac{\sum_{n=1}^{N} M_n \boldsymbol{x}^{(n)}(t)}{M_{\mathrm{total}}} \qquad M_{\mathrm{total}} \;:=\; \sum_{n=1}^{N} M_n \tag{2.102}$$

$$\boldsymbol{P}(t) \;:=\; \sum_{n=1}^{N} \boldsymbol{p}^{(n)}(t) \qquad \boldsymbol{F} \;:=\; \sum_{n=1}^{N} \boldsymbol{F}^{(n)} \tag{2.103}$$

である。(2.102) の $\boldsymbol{X}(t)$ は「重心」，または，「重心座標」，M_{total} は「全質量」とよばれる。これらは，全ての点粒子について和を取っているのではなく，注目している系の点粒子のみの和を取っているので，$\dot{\boldsymbol{P}}(t)=\boldsymbol{0}$ や $\boldsymbol{F}=\boldsymbol{0}$ は成り立たないことに注意しよう。(2.100) と (2.101) の $\boldsymbol{P}(t)$ は注目している系の運動量，$\boldsymbol{F}$ は注目している系に働く力，$\int \mathrm{d}t\boldsymbol{F}$ は注目している系に働く力積である。運動量保存則 $\dot{\boldsymbol{P}}(t)=\boldsymbol{0}$ (2.38) と力の釣り合い (2.83) は，それぞれ，

$$\dot{\boldsymbol{P}}(t) + \dot{\boldsymbol{P}}_{\mathrm{ext}}(t) \;=\; \boldsymbol{0} \qquad \boldsymbol{P}_{\mathrm{ext}}(t) \;:=\; \sum_{\substack{n \\ (n>N)}} \boldsymbol{p}^{(n)}(t) \tag{2.104}$$

*87 (2.101) は (2.33) と (2.99) から得ることもできる。

と

$$\boldsymbol{F} + \boldsymbol{F}_{\text{ext}} = \boldsymbol{0} \qquad \boldsymbol{F}_{\text{ext}} := \sum_{\substack{n \\ (n>N)}} \boldsymbol{F}^{(n)} \tag{2.105}$$

となる。

最後は，2.2.2項で調べた質量交換があるときの運動量と力の関係を調べよう。質量変化があるときのNewtonの運動方程式 (2.91) は，運動量 (2.46) を利用すると，(2.98) と書き換えることができる。これは質量変化がないときのNewtonの運動方程式のときと同じ式である。[*88] 以後の議論も，2.2.1項の最後に行った議論と同じになり，(2.100) と (2.101) は，それぞれ，

$$\dot{\boldsymbol{P}}(t) = M_{\text{total}}(t)\dot{\boldsymbol{V}}(t) + \dot{M}_{\text{total}}(t)\boldsymbol{V}(t) = \boldsymbol{F} \tag{2.106}$$

$$\boldsymbol{P}(t) = M_{\text{total}}(t)\boldsymbol{V}(t) = \int \mathrm{d}t\,\boldsymbol{F} \tag{2.107}$$

ただし，

$$\boldsymbol{V}(t) := \frac{\sum_{n=1}^{N} M_n(t)\,\dot{\boldsymbol{x}}^{(n)}(t)}{M_{\text{total}}(t)} \tag{2.108}$$

と修正されるが，[*89] 残りの式 (2.102)～(2.105) は同じ式となり修正はない。質量の交換が行われると，Newtonの運動方程式は (2.75) から (2.91) へ修正されるが，(2.98) は修正されず，系全体については，(2.100)･(2.106) から左辺を除いた式は修正されるが，中辺を除いた式は修正されないのである。この事実と運動量保存則，作用･反作用の法則から，運動量や力の方が速度，加速度，起動因子よりも自然な物理量であることがわかる。[*90]

2.2.3項の演習問題

問 1[B] 質量変化があるときのNewtonの運動方程式 (2.91) について，本項と同じ議論を行い，(2.98)～(2.105) を導け。

[*88] Newtonの著書「プリンキピア」に記載されている第2法則は，(2.75) ではなく (2.98) なので，こちらは修正を受けない。

[*89] $\dot{M}_n(t) \neq 0$ ならば，一般に，$\boldsymbol{V}(t) \neq \dot{\boldsymbol{X}}(t)$ であることに注意しよう。

[*90] さらに，力は，のちに述べる保存力に昇格すると，位置エネルギーという物理量に取って代わられる。たとえば，量子力学では，速度や力は理論の表舞台に登場しない。何が基本的な物理量なのかを見極めることは，量子力学のような次の段階の物理に繋がるのである。

2.2.4 非慣性系とNewton力学

非慣性系では，系に働く力が $\boldsymbol{F}$ のときのNewtonの運動方程式 $M\ddot{\boldsymbol{x}}(t) = \boldsymbol{F}$ (2.75) は成り立たない。[*91] しかし，非慣性系の運動方程式が

$$M\ddot{\boldsymbol{x}}(t) \;=\; \boldsymbol{F} + \boldsymbol{F}_0 \tag{2.109}$$

と書けるときは，$\boldsymbol{F}_0$ を「見かけの力[*92]」と解釈し，慣性系のNewtonの運動方程式 $M\ddot{\boldsymbol{x}}(t) = \boldsymbol{F}$ (2.75) に帰着する見方がある。[*93] もちろん，$\boldsymbol{F}_0$ の起源は，本項で述べるように，$M\ddot{\boldsymbol{x}}(t) = \boldsymbol{F}$ (2.75) の $M\ddot{\boldsymbol{x}}(t)$ にあり，この意味では力とは言えない。しかし，非慣性系であるにもかかわらず，慣性系と勘違いし，(2.109) のようなNewtonの運動方程式が成り立つとするならば，$\boldsymbol{F}_0$ を力とみなすことができる。これが「見かけ」の意味である。逆の見方をするなら，慣性系では説明のつかない力が現れるならば，その正体は見かけの力であり，観測者は非慣性系にいると考えるべきである。[*94] 本項では，(2.109) の形をした非慣性系のNewtonの運動方程式を紹介しよう。[*95]

等加速度座標系

3次元空間内を等加速度運動する座標系（1.5.1項）の場合，Newtonの運動方程式 $M\ddot{\boldsymbol{x}}(t) = \boldsymbol{F}$ (2.75) は，(1.156) を代入すると，

$$M\ddot{\boldsymbol{\xi}}(t) \;=\; \boldsymbol{F} - M\boldsymbol{A} \tag{2.110}$$

となる。[*96] これは，

$$M\big(\ddot{\xi}(t)\,\mathbf{e}_x + \ddot{\eta}(t)\,\mathbf{e}_y + \ddot{\zeta}(t)\,\mathbf{e}_z\big) \;=\; \boldsymbol{F} \;-\; M(A_x\mathbf{e}_x + A_y\mathbf{e}_y + A_z\mathbf{e}_z) \tag{2.111}$$

---

*91 もし成り立つなら，$\boldsymbol{F} = \mathbf{0}$ のときは $\ddot{\boldsymbol{x}}(t) = \mathbf{0}$ となって静や動の慣性が成り立ち，系の座標系は慣性系になるからである。

*92 「慣性力」，または，「慣性の力」ともいう。

*93 $\boldsymbol{F}$ と $\boldsymbol{F}_0$ は，(1.30) の右辺のように，どちらも，$\boldsymbol{x}(t)$, $\dot{\boldsymbol{x}}(t)$, t の関数であるが，式をスッキリ見せるために敢えて省略した。

*94 「見かけの力」という名称ではあるが，非慣性系の観測者から見れば，現実に存在する力なので注意されたい。

*95 話は少し飛ぶが，「見かけの力と重力は局所的には区別できない。」とする仮定が一般相対性理論の基礎になる原理，「等価原理」である。一般相対性理論は特殊相対性理論を重力を含む理論へ拡張した理論で，これらをまとめて相対性理論という。

*96 $\boldsymbol{F}$ は，(1.30) の右辺のように，$\boldsymbol{\xi}(t)$, $\dot{\boldsymbol{\xi}}(t)$, t の関数であるが，式をスッキリ見せるために敢えて省略した。

と書き直すこともできる。[*97] (2.110) と (2.111) は，どちらも，(2.109) と同じ形の運動方程式になっており，$-M\boldsymbol{A}$ という「見かけの力」が働くことがわかる。[*98]

2次元回転座標系

角速度一定の2次元回転座標系（1.5.2項）の場合，Newtonの運動方程式 $M\ddot{\boldsymbol{x}}(t) = \boldsymbol{F}^{(2.75)}$ は，これに (1.160) を代入すると，

$$M\boldsymbol{a}(t) \;=\; \boldsymbol{F} \;+\; 2M\omega{}^{*}\boldsymbol{v}(t) \;+\; M\omega^2\boldsymbol{x}(t) \tag{2.112}$$

を得る。これは，

$$\begin{aligned} &M\big(\ddot{\xi}(t)\mathbf{e}_\xi + \ddot{\eta}(t)\mathbf{e}_\eta\big) \\ &= \; \boldsymbol{F} \;+\; 2M\omega\big(\dot{\eta}(t)\mathbf{e}_\xi - \dot{\xi}(t)\mathbf{e}_\eta\big) \;+\; M\omega^2\big(\xi(t)\mathbf{e}_\xi + \eta(t)\mathbf{e}_\eta\big) \end{aligned} \tag{2.113}$$

と書き表すこともできる。[*99] (2.112) と (2.113) は，どちらも，(2.109) と同じ形の運動方程式になっており，

$$2M\omega{}^{*}\boldsymbol{v}(t) \;=\; 2M\omega\big(\dot{\eta}(t)\mathbf{e}_\xi - \dot{\xi}(t)\mathbf{e}_\eta\big) \qquad [\,\text{Coriolis力}\,] \tag{2.114}$$

と

$$M\omega^2\boldsymbol{x}(t) \;=\; M\omega^2\big(\xi(t)\mathbf{e}_\xi + \eta(t)\mathbf{e}_\eta\big) \qquad [\,\text{遠心力}\,] \tag{2.115}$$

という「見かけの力」が働くことがわかる。(2.114) を「Coriolis力」といい，(2.115) を「遠心力」という。Coriolis力は，$2M\omega|\boldsymbol{v}(t)|$ の大きさで，[*100] 速度に垂直な ${}^{*}\boldsymbol{v}(t)$ の向きに働く。[*101] 遠心力は，$M\omega^2|\boldsymbol{x}(t)|$ の大きさで，位置 $\boldsymbol{x}(t)$ と同じ向き，つまり，動径方向に働く。

---

*97 $\boldsymbol{F}$ は，(1.30) の右辺のように，$\xi(t)$, $\eta(t)$, $\zeta(t)$, $\dot{\xi}(t)$, $\dot{\eta}(t)$, $\dot{\zeta}(t)$, t の関数であるが，式をスッキリ見せるために敢えて省略した。

*98 $M(\ddot{\boldsymbol{\xi}} + \boldsymbol{A}) = \boldsymbol{F}$ と書いたならば，「等加速度座標系では $+\boldsymbol{A}$ の加速度を加えて考える。」と解釈し，$M\ddot{\boldsymbol{\xi}} = \boldsymbol{F} - M\boldsymbol{A}$ と書いたならば，「等加速度座標系では $-M\boldsymbol{A}$ の力が働く。」と解釈するのである。このように，非慣性系では，慣性系には存在しない加速度や力が現れる。見かけの力として解釈するためには，$M\boldsymbol{A}$ を移項し，$\boldsymbol{F}$ と並べて書くのがポイントである。

*99 $\boldsymbol{F}$ は，(1.30) の右辺のように，$\xi(t)$, $\eta(t)$, $\dot{\xi}(t)$, $\dot{\eta}(t)$, t の関数であるが，式をスッキリ見せるために敢えて省略した。一方，(2.113) の右辺の残りの項，つまり，見かけの力 $\boldsymbol{F}_0$ は $\xi(t)$, $\eta(t)$, $\dot{\xi}(t)$, $\dot{\eta}(t)$ の関数になる。

*100 Coriolis 力は速度の大きさに比例するため，Coriolis 力の影響が小さいときは，その影響は，点粒子の移動軌跡の長さに比例し，点粒子の速度と無関係になるので注意されたい。点粒子の速度が λ 倍になると，Coriolis 力も λ 倍になるが，単位時間あたりの移動軌跡も λ 倍になるので，移動軌跡の単位長さあたりの Coriolis 力の影響は速度と無関係になるからである。

*101 ${}^{*}\boldsymbol{v}(t)$ は $\boldsymbol{v}(t)$ を $-\frac{\pi}{2}$ 回転，つまり，回転座標系の回転と反対方向に $\frac{\pi}{2}$ 回転させたベクトルである。

2.2.4項の演習問題

問 1^{A} 次の文章の正誤を判断し，誤りがあれば，誤りを指摘せよ。「Newtonの運動方程式 $M\ddot{\boldsymbol{x}}=\boldsymbol{F}$ は，力 $\boldsymbol{F}$ が零のとき，加速度 $\ddot{\boldsymbol{x}}$ は零となる。これは慣性の法則を意味するので，Newtonの第2法則があれば，Newtonの第1法則は不要になる。」

問 2^{B} 一般座標変換 (1.151)·(1.152) により得られる運動方程式を求めよ。[*102]

問 3^{A} 図2.10のように重力加速度 g の一様重力場中で，質量 M' の台が水平で滑らかな床の上を水平方向に動き，質量 M の点粒子が滑らかな傾斜角 α の台の斜面を滑り落ちる。点粒子と台の位置を表す座標として，水平右向きを x 軸の正方向，鉛直上向きを z 軸の正方向とする慣性系 x-z 座標を取り，点粒子の位置を (x,z)，台の位置を x' とする。また，この座標系とは別に，台に固定された座標で，台の斜面に平行で斜面下向きが正方向となる座標 ξ 軸を考える。これについて，以下の問いに答えよ。[*103]

a) 運動量保存則を利用し，点粒子の加速度 $\ddot{x}$ と台の加速度 $\ddot{x}'$ の関係を求めよ。
b) 点粒子が斜面から受ける抗力 R，および，台の加速度 $\ddot{x}'$ を求めよ。
c) x-z 座標系と ξ 座標系で表した点粒子の運動方程式を導け。
d) ξ を x と x'，または，z を使って表せ。また，これらの関係がb)とc)で得た運動方程式と矛盾しないことを示せ。

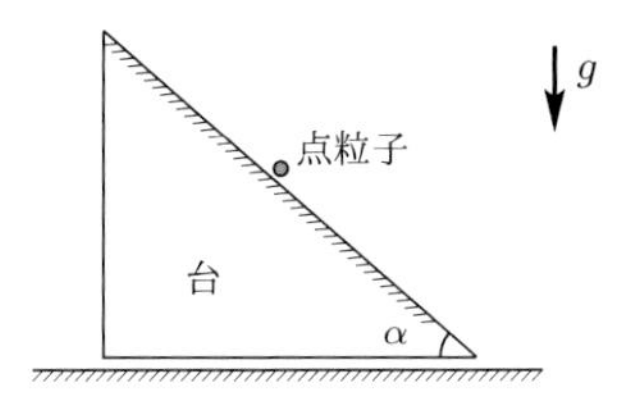

図2.10 斜面を滑る点粒子と水平に動く台（鉛直下向きの一様重力が存在する。）

問 4^{B} 角速度 ω が一定でないときの2次元回転座標系で現れる見かけの力を求めよ。[*104]

[*102] (2.109) を少し修正した運動方程式が得られる。このことから，Newtonの運動方程式 $M\ddot{\boldsymbol{x}}=\boldsymbol{F}$ は，見かけの力を導入したとしても任意の座標系で成り立つわけではないことがわかる。

[*103] 等加速度座標系の見かけの力を利用するとよい。

[*104] Coriolis力 (2.114) と遠心力 (2.115) の他に「Euler力」と呼ばれる新たな見かけの力が現れ

問 5^{B} 2次元平面を等速直線運動する点粒子は，2次元回転座標系でどのような軌道を描くか調べよ。

問 6^{B} **【単振り子】** 2.2.1項問5では，単振り子の運動方程式を求めたが，これを2次元回転座標系を利用して求めよ。[*105]

問 7^{B} 図2.11のようにまっすぐな管の中に1つのバネと1つの球が入っており，バネの片方の端は管の一方の端Oに固定され，バネのもう片方の端には球が取り付けられている。バネのバネ定数はkで，自然長は$\bar{l}$である。球の質量はMで，直径は管の内径と同じである。管は，管の端Oを中心に一定の角速度ωで2次元平面内を回転し，同時に，球は管の中を滑らかに往復運動する。ただし，球の直径は無視できるほど小さく，球が管の外へ飛び出すことも管の端Oに衝突することもない。また，管の中と外は真空とする。この系について以下の問いに答えよ。

a) 管に沿って1次元座標系ξをとる。これは，管の端Oを原点とし，ここからの距離をξとする座標系である。座標系ξを利用し，球の運動方程式，および，その解を求めよ。[*106] また，球が管の中を往復運動する条件を求めよ。

b) a)で求めた運動方程式からエネルギー保存則を導け。

c) 球が持つ力学的エネルギーを求め，これが保存されないことを示せ。

d) c)で求めた力学的エネルギーが保存されない理由を説明せよ。この理由を利用し，角速度ωで回転する座標系において，球が受ける力を求めよ。[*107]

問 8^{B} **【スペースコロニー】** 無重力の宇宙空間に浮かべられた半径R，長さLの円筒形の物体が，円筒の中心軸を回転軸として一定の角速度ωで回転している。この物体の内側表面にはここを地面とした人々の生活空間があり，人々は回転によって生じる遠心力を重力加速度gの疑似重力として生活している。このような巨大建造物は「(円筒型)スペースコロニー」とよばれている。ここで，スペースコロニー内の座標系として，2次元回転座標系の極座標系

$$\xi(t) = \rho(t)\cos\phi(t) \qquad \eta(t) = \rho(t)\sin\phi(t) \tag{2.116}$$

を採用しよう。スペースコロニーの地面は$\rho(t)=R$となる。そして，単位ベク

る。

*105 問4で得たEuler力を利用する

*106 遠心力を利用する。

*107 バネによる力と遠心力の他にCoriolis力が見つかるはずである。

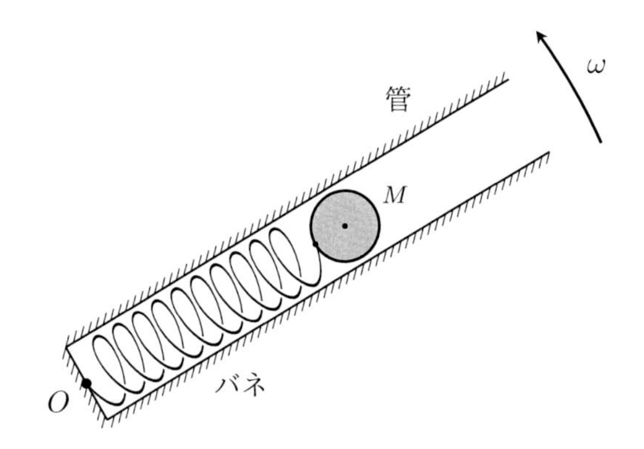

図 2.11 点 O を中心に一定の角速度 ω で回転する管とその中の球

トルを

$$\begin{aligned}\mathbf{e}_\rho &:= \cos\phi(t)\,\mathbf{e}_\xi + \sin\phi(t)\,\mathbf{e}_\eta \\ \mathbf{e}_\phi &:= -\sin\phi(t)\,\mathbf{e}_\xi + \cos\phi(t)\,\mathbf{e}_\eta\end{aligned} \tag{2.117}$$

とおく。これについて以下の問いに答えよ。

a) スペースコロニーの地面に生じる疑似重力が地上の重力と同じ大きさになる条件を求めよ。ただし，重力加速度を g とする。

b) 点粒子に外力 $\boldsymbol{F}$ が働くときの運動方程式を座標系 (ρ, ϕ, z) で表せ。

c) スペースコロニーの円筒内を地面に対して一定の速さ v で運動する点粒子がある。以下のそれぞれにおいて，点粒子が受ける外力を求めよ。

1. 点粒子がスペースコロニーの地面をスペースコロニーの回転軸と平行な方向，つまり，z が増加する方向に運動するとき
2. 点粒子がスペースコロニーの地面をスペースコロニーの回転方向，つまり，ϕ が増加する方向に運動するとき
3. 点粒子がスペースコロニーの動径方向，つまり，ρ が増加する方向に運動するとき

d) スペースコロニーの地面から，スペースコロニーの回転軸に向かって投げ上げられた点粒子が描く軌跡を求めよ。ただし，初速度は $(v_\rho, v_\phi, v_z) = (-v\cos\theta, 0, v\sin\theta)$ とする。また，点粒子が投げ上げられたときの地面からの高さがスペースコロニーの半径 R と比べて小さいときに点粒子が描く軌跡と一様重力場中の点粒子が描く軌跡を比較せよ。

2.3　保存力とエネルギー保存則

2.1節と2.2節では，空間一様性[(1.41)]，空間等方性[(1.50)]，時間一様性[(1.63)]，時間反転の不変性[(1.86)]に加えて，慣性の法則[(1.92)(1.93)]と相対性原理[(1.102)]と絶対時間[(1.135)]を仮定し，運動量保存則と運動エネルギー保存則を導いた。さらに，「力」という新しい物理量を導入することで，2階微分の運動方程式[(1.27)]と運動量保存則から，それぞれ，Newtonの運動方程式と作用・反作用の法則を導いた。

本節では，2.1節と2.2節で得られた運動量保存則と運動エネルギー保存則，Newtonの運動方程式と作用・反作用の法則を基に，「位置エネルギー」とよばれる新しい物理量を導入する。位置エネルギーは「ポテンシャル」ともよばれる物理量で，運動エネルギーを「力学的エネルギー」というさらに高度な概念へ導く。*108

本節の最後は，逆に，Newtonの運動方程式とポテンシャルの存在を仮定することで，空間一様性から運動量保存則が，時間一様性から力学的エネルギー保存則が得られることを議論する。ところで，これらの仮定は，前節までの一連の仮定よりも少ないように見えるが，そうではない。前節までは，2階微分の運動方程式[(1.27)]を使ったが，これに相当する本節の仮定は，Newtonの運動方程式とポテンシャルの存在である。しかし，後者は，ポテンシャルが速度$\boldsymbol{v}$に依存しない物理量のため運動方程式の右辺に速度$\boldsymbol{v}$が現れることはなく，かなりきつい仮定になる。仮定の数が少ない分，仮定の条件がきついのである。*109

2.3.1　Newton力学の遠隔力

2.2節の議論では，個々の点粒子は運動量(2.33)と運動エネルギー(2.63)という物理量を持ち，運動量の総和は常に保存され，運動エネルギーの総和は時間反転の不変性が成り立つときに保存されることを示したが，これと同じ議論が，点粒子を，大きさを持ち，かつ，変形しない物体に変更しても成り立つ。そこで，

$$\text{大きさを持ち，かつ，変形しない質量零の物体が存在する。} \tag{2.118}$$

---

*108 ポテンシャルは「何かをする能力」というニュアンスを持ち，位置エネルギー以外にも使われるが，「古典力学」では，ポテンシャルと位置エネルギーは同じものと考えてよい。

*109 慣性の法則は，Newtonの運動方程式においてポテンシャルを零にすることで得られる。このように，「Newtonの運動方程式とポテンシャルの存在」という仮定は，対称性のような幾何学的な仮定よりも，より高度な仮定なのである。

を仮定しよう。*110 質量零の物体との衝突・散乱では，運動エネルギーは常に保存されるので，仮定 (2.118) の物体との衝突・散乱だけから構成される衝突・散乱では，運動量だけでなく，運動エネルギーも常に保存される。ただし，変形することがない物体なので，物体の一部で受けた力は物体全体に瞬時にして伝わるという特徴がある。*111

仮定 (2.118) の物体を仲立ちにした次のような質量 M_1 と M_2 を持つ 2 つの点粒子の衝突・散乱を考えよう。

$$(M_1, \boldsymbol{v}^{(1)}),\ (0, \tilde{\boldsymbol{v}}),\ (M_2, \boldsymbol{v}^{(2)}) \implies (M_1, \boldsymbol{v}^{\star(1)}),\ (0, \tilde{\boldsymbol{v}}^{\star}),\ (M_2, \boldsymbol{v}^{\star(2)}) \quad (2.119)$$

$(0, \tilde{\boldsymbol{v}})$ と $(0, \tilde{\boldsymbol{v}}^{\star})$ は仮定 (2.118) の物体である。この物体は質量が零なので，衝突・散乱で質量の交換をすることはない。したがって，運動量保存則 (2.36)，すなわち，

$$M_1\boldsymbol{v}^{(1)} + 0\,\tilde{\boldsymbol{v}} + M_2\boldsymbol{v}^{(2)} \ = \ M_1\boldsymbol{v}^{\star(1)} + 0\,\tilde{\boldsymbol{v}}^{\star} + M_2\boldsymbol{v}^{\star(2)} \quad (2.120)$$

が成り立つ。この式は，系の運動量の総和が零という意味の式に書き直すことができて，(2.38)，すなわち，

$$\frac{\mathrm{d}}{\mathrm{d}t}\Big(M_1\dot{\boldsymbol{x}}^{(1)}(t) + 0\,\dot{\tilde{\boldsymbol{x}}}(t) + M_2\dot{\boldsymbol{x}}^{(2)}(t)\Big) \ = \ \boldsymbol{0} \quad (2.121)$$

となる。ところで，2 粒子の Newton の運動方程式(2.75) は，それぞれ，$M_1\ddot{\boldsymbol{x}}^{(1)} = \boldsymbol{F}^{(1)}$，$M_2\ddot{\boldsymbol{x}}^{(2)} = \boldsymbol{F}^{(2)}$ である。これを (2.121) に代入すると (2.76) となり，作用・反作用の法則を得る。仮定 (2.118) の物体を仲立ちにした衝突・散乱では，2 粒子が直接接することがなくても作用・反作用の法則 (2.76) が成り立つのである。

このように空間的に離れて働く力を「遠隔力」，または，「遠距離力」という。これに対して，仮定 (2.1)・(2.2) に基づく力は空間的に離れて働くことはないので，「近接力」，または，「近距離力」という。仮定 (2.118) は，遠隔力を仮定 (2.1)・(2.2) と矛盾しないように導入するための 1 つの仮定で，*112 しかも，仮定 (2.118)

---

*110 質量が零の剛体ともいえる。

*111 この性質は，絶対時間を仮定する Newton 力学では矛盾を起こすことはない。同時刻という概念が普遍的に存在するからである。一方，情報が光の速さを超えて伝わることがない相対性理論では矛盾を起こす。相対性理論では光の速さを超える情報伝達は存在しないので，遠隔力も光の速さを超えずに伝わらなければならないからである。

*112 これは，絶対時間の仮定に基づく Newton 力学において，媒質なしに導入可能な遠隔力の一つの解釈である。(2.118) を仮定せず，遠隔力の存在理由に触れないという考え方も可能である。

の物体を利用して得られた力は瞬時に伝わり，作用·反作用の法則 (2.76) が成り立つ。そこで以後は，「仮定 (2.118) の物体を利用して得られる遠隔力」が登場するときは，この言い方の代わりに，「瞬時にして伝わり，作用·反作用の法則が成り立つ遠隔力」という言い方をすることにしよう。仮定 (2.118) の物体は力を伝える以外の役割はないからである。

仮定 (2.118) の物体が2粒子間に常に存在し，この物体を仲立ちとして2粒子の衝突·散乱が連続的に起きるならば，遠隔力が時間的に連続して働くことが可能になる。そして，このような遠隔力を仮定すると，「1つの点粒子が力 $\boldsymbol{F}$ を受けて，Newtonの運動方程式 (2.75)，つまり，

$$M\ddot{\boldsymbol{x}} = \boldsymbol{F} \tag{2.122}$$

に従う。」という設定がわかりやすくなる。また，この運動方程式は，

$$\frac{\mathrm{d}}{\mathrm{d}t}\big(M\dot{\boldsymbol{x}}\big) = \boldsymbol{F} \tag{2.123}$$

と書き直し，さらに，時間について積分すると，

$$M\dot{\boldsymbol{x}} = \int \mathrm{d}t\,\boldsymbol{F} \tag{2.124}$$

を得る。(2.123) は (2.98)，つまり，

$$\dot{\boldsymbol{p}} = \boldsymbol{F} \tag{2.125}$$

(2.124) は (2.99)，つまり，

$$\boldsymbol{p} = \int \mathrm{d}t\,\boldsymbol{F} \tag{2.126}$$

と等価である。ただし，$\boldsymbol{p}$ は点粒子の運動量 (2.33)，つまり，

$$\boldsymbol{p} := M\boldsymbol{v} = M\dot{\boldsymbol{x}} \tag{2.127}$$

である。

2.3.1項の演習問題

問 1[B]　仮定 (2.118) の物体を仲立ちにした衝突·散乱では，2粒子が直接接することがなくても作用·反作用の法則 (2.76) が成り立つ。これを力による作用の観点から説明せよ。[*113]

[*113] 仮定 (2.118) の物体の運動方程式を立てる。

2.3.2 保存力と位置エネルギーと仕事

本項では，系の外部からの力，いわゆる「外力」を受けた1粒子系において，保存量となるエネルギーが存在するかどうかを調べよう。[*114] ただし，外力 $\boldsymbol{F}$ は，点粒子の速度 $\dot{\boldsymbol{x}}(t)$ に依存せず，かつ，時刻 t に陽に依存しないものとする。[*115]

保存力と位置エネルギー

前項では，Newtonの運動方程式 (2.122) から運動量と力の関係 (2.124) を得た。同様にして運動エネルギーと力の関係を求めてみよう。

Newtonの運動方程式 (2.122) の両辺に $\dot{\boldsymbol{x}}$ を掛けて内積を取ると，

$$\frac{\mathrm{d}}{\mathrm{d}t}\left(\frac{M}{2}\dot{\boldsymbol{x}}^2\right) = \dot{\boldsymbol{x}}\cdot\boldsymbol{F}(\boldsymbol{x}) \tag{2.128}$$

となり，さらに，時間について積分すると，

$$\frac{M}{2}\dot{\boldsymbol{x}}^2 = \int \mathrm{d}\boldsymbol{x}\cdot\boldsymbol{F}(\boldsymbol{x}) \tag{2.129}$$

を得る。[*116] この式の左辺には運動エネルギー (2.63) が現れる。右辺は線積分なので，積分値が積分路に依存しないためには，任意の閉じた積分路 C で

$$\oint_C \mathrm{d}\boldsymbol{x}\cdot\boldsymbol{F}(\boldsymbol{x}) = 0 \tag{2.130}$$

が成り立つことが必要になる。これを満たす力 $\boldsymbol{F}(\boldsymbol{x})$ は，

$$\boldsymbol{F}(\boldsymbol{x}) = -\boldsymbol{\nabla}V(\boldsymbol{x}) \tag{2.131}$$

である。そして，このときのNewtonの運動方程式は，(2.122) と (2.131) より，

$$M\ddot{\boldsymbol{x}} = -\boldsymbol{\nabla}V(\boldsymbol{x}) \tag{2.132}$$

となる。さらに，(2.129) に (2.131) を代入すると，

$$\frac{M}{2}\dot{\boldsymbol{x}}^2 = -V(\boldsymbol{x}) + (\text{定数})$$

---

*114 ここでは1粒子系を考えているので，(2.75)，(2.98)，(2.33) の添え字 $^{(n)}$ を削除した。

*115 式 (2.73) 近傍の脚注で述べたように，1粒子の場合，力は一般に $\boldsymbol{F}(\boldsymbol{x},\dot{\boldsymbol{x}};t)$ である。しかし，本項では $\boldsymbol{F}(\boldsymbol{x})$ という形に限定するのである。

*116 これは (2.124) に対応する式である。

を得る。[*117] これを少し整理すると，$\dot{E}=0$ (2.66)，ただし，

$$E := \frac{M}{2}\dot{\boldsymbol{x}}^2 + V(\boldsymbol{x}) \tag{2.133}$$

となり，保存則を得る。保存量 E は (2.63) で定義された運動エネルギーを一般化したエネルギーで「力学的エネルギー」といい，その保存則 $\dot{E}=0$ を「力学的エネルギー保存則」という。(2.133) の右辺第1項は，2.1.4項で既に述べた運動エネルギーで，運動する点粒子が持つエネルギーである。右辺第2項は，点粒子の位置 $\boldsymbol{x}$ で決まるエネルギーなので「位置エネルギー」という。[*118] また，点粒子の速度 $\dot{\boldsymbol{x}}(t)$ と時刻 t に依存せず，かつ，(2.130) が成り立つ力，すなわち，(2.131) のように表せる力を「保存力」という。[*119] また，位置エネルギー $V(\boldsymbol{x})$ は，その導入である (2.131) の形から明らかなように，定数の違いは物理的な意味を持たないことに注意しよう。$V(\boldsymbol{x})$ は $V(\boldsymbol{x})+$（定数）へ変更しても力 $\boldsymbol{F}$ は変わらないため，位置エネルギーの基準を自由に選ぶことができるのである。

仕事

本項の「**保存力と位置エネルギー**」で与えた (2.129) の積分は積分範囲が曖昧だった。ここでは具体的な積分範囲を与え，系のエネルギー変化を調べよう。

点粒子が位置 $\boldsymbol{x}_0$ から $\boldsymbol{x}$ へ移動するならば，(2.129) は，

$$\frac{M}{2}\dot{\boldsymbol{x}}^2 - \frac{M}{2}\dot{\boldsymbol{x}}_0^2 = \int_{\boldsymbol{x}_0}^{\boldsymbol{x}} \mathrm{d}\boldsymbol{x}'\cdot\boldsymbol{F}(\boldsymbol{x}') \tag{2.134}$$

となる。右辺は，(2.131) が成り立つときは積分が実行できて，

$$-\int_{\boldsymbol{x}_0}^{\boldsymbol{x}} \mathrm{d}\boldsymbol{x}'\cdot\boldsymbol{F}(\boldsymbol{x}') = V(\boldsymbol{x}) - V(\boldsymbol{x}_0) \tag{2.135}$$

となる。よって，(2.134) と (2.135) より，

$$\frac{M}{2}\dot{\boldsymbol{x}}^2 + V(\boldsymbol{x}) = \frac{M}{2}\dot{\boldsymbol{x}}_0^2 + V(\boldsymbol{x}_0) \tag{2.136}$$

[*117] 全微分から得られる次の式を利用する。

$$\int \mathrm{d}\boldsymbol{x}\cdot\boldsymbol{\nabla}V(\boldsymbol{x}) = \int \mathrm{d}V(\boldsymbol{x}) = V(\boldsymbol{x}) + \text{（定数）}$$

[*118] 位置エネルギーが存在せず，零となる場合，点粒子は「自由」であるという。たとえば，「自由粒子」という表現は，位置エネルギーが零の空間内を運動する点粒子を表す。

[*119] 力 $\boldsymbol{F}$ が保存力のとき，力学的エネルギーは保存される。逆に，力 $\boldsymbol{F}$ が保存力でないとき，力学的エネルギーは保存されない。(2.129) の右辺が積分路に依存するからである。

を得るが，これは，エネルギー (2.133) の保存則 $\dot{E}=0$ に他ならない。

次に，この系に

$$\boldsymbol{F}_{\mathrm{ext}}(\boldsymbol{x}) \;=\; -\boldsymbol{F}(\boldsymbol{x}) \tag{2.137}$$

となる外力 $\boldsymbol{F}_{\mathrm{ext}}(\boldsymbol{x})$ を加えてみよう。すると，点粒子の運動方程式は $M\ddot{\boldsymbol{x}} = \boldsymbol{F}(\boldsymbol{x}) + \boldsymbol{F}_{\mathrm{ext}}(\boldsymbol{x}) = \boldsymbol{0}$ となり，運動は等速直線運動となる。その結果，点粒子はその速度を変えることなく，位置 $\boldsymbol{x}_0$ から $\boldsymbol{x}$ へ移動する。ところで，系はこの移動により (2.135) の位置エネルギーを蓄える。つまり，

$$W(\boldsymbol{x},\boldsymbol{x}_0) \;:=\; \int_{\boldsymbol{x}_0}^{\boldsymbol{x}} \mathrm{d}\boldsymbol{x}'\cdot\boldsymbol{F}_{\mathrm{ext}}(\boldsymbol{x}') \tag{2.138}$$

とおくと，位置エネルギー変化 (2.135) は，(2.137) と (2.138) より，

$$V(\boldsymbol{x}) - V(\boldsymbol{x}_0) \;=\; \int_{\boldsymbol{x}_0}^{\boldsymbol{x}} \mathrm{d}\boldsymbol{x}'\cdot\boldsymbol{F}_{\mathrm{ext}}(\boldsymbol{x}') \;=\; W(\boldsymbol{x},\boldsymbol{x}_0)$$

となる。また，点粒子の速度は変化しない $[\,\dot{\boldsymbol{x}} = \dot{\boldsymbol{x}}_0\,]$ ので，運動エネルギーは変化しない $[\,\frac{M}{2}\dot{\boldsymbol{x}}^2 = \frac{M}{2}\dot{\boldsymbol{x}}_0^2\,]$。したがって，系の力学的エネルギーの変化は

$$\Delta E \;:=\; \frac{M}{2}\dot{\boldsymbol{x}}^2 + V(\boldsymbol{x}) - \left(\frac{M}{2}\dot{\boldsymbol{x}}_0^2 + V(\boldsymbol{x}_0)\right) \;=\; W(\boldsymbol{x},\boldsymbol{x}_0) \tag{2.139}$$

となり，系は外力 $\boldsymbol{F}_{\mathrm{ext}}(\boldsymbol{x})$ により $W(\boldsymbol{x},\boldsymbol{x}_0)$ のエネルギーを受け取ることがわかる。

以上の議論では，外力が系の位置エネルギーを変えた。別のやり方をすると，系の運動エネルギーを変えることもできる。[*120] このような性質を持つ W (2.138) を「仕事」という。蓄えられたエネルギーは，他の系に力を与えることもできるので，「エネルギーとは仕事をする能力である。」ということもできる。

2.3.2 項の演習問題

問 1[A] 質量 M の点粒子が Newton の運動方程式 (2.132) に従うならば，力学的エネルギー (2.133) は保存される。つまり，$\dot{E}=0$ である。これを示せ。[*121]

問 2[A] 2.2.1 項問 4 の各系において，働く力が保存力かどうか調べよ。

[*120] 本項の問 4 を参照せよ。

[*121] $\frac{\mathrm{d}}{\mathrm{d}t} = \dot{\boldsymbol{x}}\cdot\frac{\partial}{\partial \boldsymbol{x}} + \ddot{\boldsymbol{x}}\cdot\frac{\partial}{\partial \dot{\boldsymbol{x}}}$ を利用する。

問 3[B] 1次元空間内の点粒子に働く力は，点粒子の位置のみに依存する場合，保存力になる。これを示せ。

問 4[A] 本文では，外力が位置エネルギーを変えた。ここでは，外力が運動エネルギーを変える状況を考えよう。

1次元空間内を一定速度 $-v$ で運動する質量 M の自由な点粒子[*122]がある。この点粒子が速度 u で動く壁に弾性衝突した。ただし，壁は衝突でその速度を変えないものとする。これについて，以下の問いに答えよ。[*123]

a) 点粒子の運動量変化 Δp，および，運動エネルギー変化 ΔE を求めよ。[*124]

b) 壁が点粒子に与えた力積 $F\Delta t$，および，壁が点粒子に行った仕事 W を求めよ。

c) 壁が点粒子に行った仕事 W は全て系のエネルギーに変わる。つまり，(2.139) となる。これを示せ。

2.3.3　多粒子系の保存力と保存則

本項では，複数の粒子が遠隔力によって相互作用するときに成り立つ保存則について考えよう。[*125] ただし，遠隔力は，作用･反作用の法則が成り立つ力とし，かつ，保存力とする。[*126] そして，空間一様性と時間一様性を仮定する。

2粒子系

質量 M_1 と M_2 を持つ2つの点粒子が，作用･反作用の法則が成り立ち，かつ，保存力になる遠隔力で相互作用をしている。2粒子の位置を，それぞれ，$\boldsymbol{x}^{(1)}$，$\boldsymbol{x}^{(2)}$ とし，2粒子が受ける力を，それぞれ，$\boldsymbol{F}^{(1)}$，$\boldsymbol{F}^{(2)}$ とする。

2粒子系の空間並進は (1.71) $[n=1,2]$，つまり，

$$\begin{aligned}
&\boldsymbol{x}^{(1)}(t) \longmapsto \boldsymbol{x}^{(1)\prime}(t) := \boldsymbol{x}^{(1)}(t) + \boldsymbol{x}_0 \qquad &&\boldsymbol{x}^{(2)}(t) \longmapsto \boldsymbol{x}^{(2)\prime}(t) := \boldsymbol{x}^{(2)}(t) + \boldsymbol{x}_0\\
&\boldsymbol{v}^{(1)}(t) \longmapsto \boldsymbol{v}^{(1)\prime}(t) := \boldsymbol{v}^{(1)}(t) &&\boldsymbol{v}^{(2)}(t) \longmapsto \boldsymbol{v}^{(2)\prime}(t) := \boldsymbol{v}^{(2)}(t)\\
&\boldsymbol{a}^{(1)}(t) \longmapsto \boldsymbol{a}^{(1)\prime}(t) := \boldsymbol{a}^{(1)}(t) &&\boldsymbol{a}^{(2)}(t) \longmapsto \boldsymbol{a}^{(2)\prime}(t) := \boldsymbol{a}^{(2)}(t)
\end{aligned} \tag{2.140}$$

[*122] これは点粒子かつ自由粒子のことで，働く力が零の運動をする点粒子である。

[*123] 点粒子の代わりに少し大きさを持つ粒子を考えると，衝突中の時間は一瞬ではなく，有限となる。その時間を Δt，その間に壁が動いた距離を Δx としよう。

[*124] 衝突後の速度を求めるには (2.67) を利用するとよい。

[*125] 作用･反作用の法則が成り立つ遠隔力については，2.3.1項を参照せよ。

[*126] 保存力の定義については 2.3.2項の「**保存力と位置エネルギー**」を参照せよ。

である。ここで，$\boldsymbol{x}^{(1)}(t)$ と $\boldsymbol{x}^{(2)}(t)$ の代わりに，「相対座標」とよばれる2粒子の位置座標の差

$$\tilde{\boldsymbol{x}}(t) \ := \ \boldsymbol{x}^{(1)}(t) - \boldsymbol{x}^{(2)}(t) \tag{2.141}$$

と2粒子系の重心座標 $\boldsymbol{X}(t)$，つまり，(2.102) において $N=2$ とした

$$\boldsymbol{X}(t) \ := \ \frac{M_1\boldsymbol{x}^{(1)}(t) + M_2\boldsymbol{x}^{(2)}(t)}{M_{\text{total}}} \qquad M_{\text{total}} \ := \ M_1 + M_2 \tag{2.142}$$

を利用しよう。すると，空間並進 (2.140) の下で，相対座標 $\tilde{\boldsymbol{x}}(t)$ は $\tilde{\boldsymbol{x}}(t) \longmapsto \tilde{\boldsymbol{x}}'(t) = \tilde{\boldsymbol{x}}(t)$ と変換して不変になるが,[*127] 重心座標 $\boldsymbol{X}(t)$ は $\boldsymbol{X}(t) \longmapsto \boldsymbol{X}'(t) = \boldsymbol{X}(t) + \boldsymbol{x}_0$ と変換して不変にならない。[*128] したがって，空間一様性から，2つの力 $\boldsymbol{F}^{(1)}$ と $\boldsymbol{F}^{(2)}$ は，どちらも，相対座標 $\tilde{\boldsymbol{x}}$ (2.141) には依存するかもしれないが重心座標 $\boldsymbol{X}$ (2.142) には依存しないことが要請される。また，1粒子系のときと同様，時間一様性から，2つの力 $\boldsymbol{F}^{(1)}$ と $\boldsymbol{F}^{(2)}$ は，どちらも，時間に陽に依存しないことが要請される。したがって，系が空間一様性と時間一様性を持つならば，2つの力 $\boldsymbol{F}^{(1)}$ と $\boldsymbol{F}^{(2)}$ は，どちらも，相対座標 $\tilde{\boldsymbol{x}}$ とその時間微分 $\dot{\tilde{\boldsymbol{x}}}$，および，重心座標の時間微分 $\dot{\boldsymbol{X}}$ に依存する関数になるが,[*129] 保存力を仮定しているので，

$$\boldsymbol{F}^{(1)} \ = \ -\boldsymbol{\nabla}^{(1)} V^{(1)}(\boldsymbol{x}^{(1)} - \boldsymbol{x}^{(2)}) \ = \ -\tilde{\boldsymbol{\nabla}} V^{(1)}(\tilde{\boldsymbol{x}}) \tag{2.143}$$

$$\boldsymbol{F}^{(2)} \ = \ -\boldsymbol{\nabla}^{(2)} V^{(2)}(\boldsymbol{x}^{(1)} - \boldsymbol{x}^{(2)}) \ = \ \tilde{\boldsymbol{\nabla}} V^{(2)}(\tilde{\boldsymbol{x}}) \tag{2.144}$$

となる。[*130] さらに，作用･反作用の法則 (2.76) が成り立つことを考慮に入れ，(2.76) に (2.143) と (2.144) を代入すると，

$$\tilde{\boldsymbol{\nabla}}\big(-V^{(1)}(\tilde{\boldsymbol{x}}) + V^{(2)}(\tilde{\boldsymbol{x}})\big) \ = \ \boldsymbol{0}$$

よって，$V^{(1)}(\tilde{\boldsymbol{x}}) - V^{(2)}(\tilde{\boldsymbol{x}}) =$（定数）となり，$V^{(1)}(\tilde{\boldsymbol{x}})$ と $V^{(2)}(\tilde{\boldsymbol{x}})$ は定数を除き等しいことがわかる。ところで，$V^{(1)}(\tilde{\boldsymbol{x}})$ と $V^{(2)}(\tilde{\boldsymbol{x}})$ は，(2.143) と (2.144) の形で

---

*127 $\tilde{\boldsymbol{x}}'(t)$ の定義は $\tilde{\boldsymbol{x}}(t)$ の定義 (2.141) に準ずる。

*128 $\boldsymbol{X}'(t)$ の定義は $\boldsymbol{X}(t)$ の定義 (2.142) に準ずる。

*129 $\boldsymbol{F}^{(n)}\big(\boldsymbol{x}^{(1)}(t), \boldsymbol{x}^{(2)}(t), \dot{\boldsymbol{x}}^{(1)}(t), \dot{\boldsymbol{x}}^{(2)}(t); t\big) = \boldsymbol{F}^{(n)}\big(\tilde{\boldsymbol{x}}(t), \boldsymbol{X}(t), \dot{\tilde{\boldsymbol{x}}}(t), \dot{\boldsymbol{X}}(t); t\big)$ は，空間一様性を課すと $\boldsymbol{F}^{(n)}\big(\tilde{\boldsymbol{x}}(t), \dot{\tilde{\boldsymbol{x}}}(t), \dot{\boldsymbol{X}}(t); t\big)$，時間一様性を課すと $\boldsymbol{F}^{(n)}\big(\tilde{\boldsymbol{x}}(t), \boldsymbol{X}(t), \dot{\tilde{\boldsymbol{x}}}(t), \dot{\boldsymbol{X}}(t)\big)$，空間一様性と時間一様性を同時に課すと $\boldsymbol{F}^{(n)}\big(\tilde{\boldsymbol{x}}(t), \dot{\tilde{\boldsymbol{x}}}(t), \dot{\boldsymbol{X}}(t)\big)$ となる。（いずれも $n=1, 2$ である。）

*130 $\boldsymbol{\nabla}^{(1)} := \frac{\partial}{\partial \boldsymbol{x}^{(1)}}$，$\boldsymbol{\nabla}^{(2)} := \frac{\partial}{\partial \boldsymbol{x}^{(2)}}$，$\tilde{\boldsymbol{\nabla}} := \frac{\partial}{\partial \tilde{\boldsymbol{x}}}$ である。

登場するため，任意の定数を付け加える自由度を持つ。*131 そこで，この自由度を利用して定数を消去し，

$$V^{(1)}(\tilde{\boldsymbol{x}}) \;=\; V^{(2)}(\tilde{\boldsymbol{x}}) \quad \big(=: V(\tilde{\boldsymbol{x}})\big) \tag{2.145}$$

とする。2粒子が受ける力を作る位置エネルギー $V^{(1)}(\tilde{\boldsymbol{x}})$ と $V^{(2)}(\tilde{\boldsymbol{x}})$ は同じ位置エネルギー $V(\tilde{\boldsymbol{x}})$ になるのである。このとき，(2.143) と (2.144) は，それぞれ，

$$\boldsymbol{F}^{(1)} \;=\; -\boldsymbol{\nabla}^{(1)}V(\tilde{\boldsymbol{x}}) \;=\; -\tilde{\boldsymbol{\nabla}}V(\tilde{\boldsymbol{x}}) \tag{2.146}$$

$$\boldsymbol{F}^{(2)} \;=\; -\boldsymbol{\nabla}^{(2)}V(\tilde{\boldsymbol{x}}) \;=\; \tilde{\boldsymbol{\nabla}}V(\tilde{\boldsymbol{x}}) \tag{2.147}$$

となる。

運動方程式 (2.75) $[n=1,\,2]$ を利用し，作用･反作用の法則 (2.76) から力 $\boldsymbol{F}^{(1)}$ と $\boldsymbol{F}^{(2)}$ を消去すると，

$$\frac{\mathrm{d}}{\mathrm{d}t}\big(M_1\dot{\boldsymbol{x}}^{(1)} + M_2\dot{\boldsymbol{x}}^{(2)}\big) \;=\; \boldsymbol{0} \tag{2.148}$$

を得る。これは，系の運動量 (2.32)･(2.33) $[n=1,\,2]$，つまり，

$$\boldsymbol{P} \;:=\; \boldsymbol{p}^{(1)} + \boldsymbol{p}^{(2)} \;=\; M_1\dot{\boldsymbol{x}}^{(1)} + M_2\dot{\boldsymbol{x}}^{(2)} \tag{2.149}$$

を使うと，運動量保存則 $\dot{\boldsymbol{P}} = \boldsymbol{0}$ (2.38) となる。また，運動方程式 (2.122) から (2.129) を導いたときと同じ要領で，運動方程式 (2.75) $[n=1,\,2]$ のそれぞれに $\dot{\boldsymbol{x}}^{(1)}$ と $\dot{\boldsymbol{x}}^{(2)}$ を掛けて内積を取ると，

$$\frac{\mathrm{d}}{\mathrm{d}t}\left(\frac{M_1}{2}(\dot{\boldsymbol{x}}^{(1)})^2 + \frac{M_2}{2}(\dot{\boldsymbol{x}}^{(2)})^2\right) \;=\; \dot{\boldsymbol{x}}^{(1)}\cdot\boldsymbol{F}^{(1)} + \dot{\boldsymbol{x}}^{(2)}\cdot\boldsymbol{F}^{(2)}$$

となるが，右辺は，(2.146)･(2.147) を代入すると，

$$\begin{aligned}\dot{\boldsymbol{x}}^{(1)}\cdot\boldsymbol{F}^{(1)} + \dot{\boldsymbol{x}}^{(2)}\cdot\boldsymbol{F}^{(2)} \;&=\; -\dot{\boldsymbol{x}}^{(1)}\cdot\tilde{\boldsymbol{\nabla}}V(\tilde{\boldsymbol{x}}) + \dot{\boldsymbol{x}}^{(2)}\cdot\tilde{\boldsymbol{\nabla}}V(\tilde{\boldsymbol{x}})\\ &=\; -(\dot{\boldsymbol{x}}^{(1)} - \dot{\boldsymbol{x}}^{(2)})\cdot\tilde{\boldsymbol{\nabla}}V(\tilde{\boldsymbol{x}}) \;=\; -\dot{\tilde{\boldsymbol{x}}}\cdot\tilde{\boldsymbol{\nabla}}V(\tilde{\boldsymbol{x}}) \;=\; -\frac{\mathrm{d}}{\mathrm{d}t}V(\tilde{\boldsymbol{x}})\end{aligned}$$

となり，

$$\frac{\mathrm{d}}{\mathrm{d}t}\left(\frac{M_1}{2}(\dot{\boldsymbol{x}}^{(1)})^2 + \frac{M_2}{2}(\dot{\boldsymbol{x}}^{(2)})^2 + V(\tilde{\boldsymbol{x}})\right) \;=\; 0 \tag{2.150}$$

*131 2.3.2項の「**保存力と位置エネルギー**」の最後で説明したように，位置エネルギーの基準は自由に変更することができる。

を得る。これは，

$$E := \frac{M_1}{2}(\dot{\boldsymbol{x}}^{(1)})^2 + \frac{M_2}{2}(\dot{\boldsymbol{x}}^{(2)})^2 + V(\tilde{\boldsymbol{x}}) \tag{2.151}$$

とおくと，$\dot{E}=0$ となり，E を系のエネルギーと解釈すると，[*132] エネルギー保存則 $\dot{E}=0$ [(2.66)] となる。(2.151) の右辺第1項と第2項は，それぞれ，粒子1と粒子2の運動エネルギーであり，第3項は2粒子間で働く相互作用の位置エネルギーである。

2.3.3 項の演習問題

問 1[B]　2粒子系の運動方程式 (2.75) $[\,n=1,2\,]$ の力 $\boldsymbol{F}^{(1)}$ と $\boldsymbol{F}^{(2)}$ が (2.146)·(2.147) となるとき，(2.150) が成り立つ。これを示せ。また，(2.151) がエネルギー保存則 $\dot{E}=0$ を満たすことを確認せよ。ただし，$\tilde{\boldsymbol{x}}$ は相対座標 (2.141) である。

問 2[B]　N 粒子系の運動方程式 (2.75) の力 $\boldsymbol{F}^{(n)}\,[\,n=1,\,2,\,\ldots,\,N\,]$ が (2.83) を満たすとき，

$$\frac{\mathrm{d}}{\mathrm{d}t}\sum_{n=1}^{N} M_n \dot{\boldsymbol{x}}^{(n)} = \boldsymbol{0} \tag{2.152}$$

が成り立つ。これを示せ。

2.3.4　一般的な多粒子系の相互作用

前項の位置エネルギーは，空間一様性と時間一様性を仮定したため，相対座標のみの関数であった。本項ではこれらの仮定を捨て，[*133] その代わりに，位置エネルギーを基軸に据え，系の保存量について調べてみよう。ただし，遠隔力は，作用・反作用の法則が成り立つ力とし，かつ，保存力とする。

2粒子系

系の位置エネルギーを $V(\boldsymbol{x}^{(1)},\boldsymbol{x}^{(2)};t)$ とすると，各粒子に働く力は，

$$\begin{aligned}\boldsymbol{F}^{(1)} &= -\boldsymbol{\nabla}^{(1)}V(\boldsymbol{x}^{(1)},\boldsymbol{x}^{(2)};t)\\ \boldsymbol{F}^{(2)} &= -\boldsymbol{\nabla}^{(2)}V(\boldsymbol{x}^{(1)},\boldsymbol{x}^{(2)};t)\end{aligned} \tag{2.153}$$

---

*132 (2.151) は，(2.62)·(2.63) $[\,n=1,\,2\,]$ と (2.133) を拡張した式になっている。

*133 これらの仮定がないときは，力や位置エネルギーは重心座標に依存し，時間に陽に依存する。

となり，系の運動量は (2.149) のままだが，系のエネルギーは (2.151) を少し拡張した形

$$E \;=\; \frac{M_1}{2}(\dot{\boldsymbol{x}}^{(1)})^2 + \frac{M_2}{2}(\dot{\boldsymbol{x}}^{(2)})^2 + V(\boldsymbol{x}^{(1)}, \boldsymbol{x}^{(2)}; t) \tag{2.154}$$

となるだろう。そこで，以上の式が成り立つ系を考えよう。

ここで，重心座標 $\boldsymbol{X}$ と全質量 M_{total} (2.142)，および，相対座標 $\tilde{\boldsymbol{x}}$ (2.141) と「換算質量」M

$$\frac{1}{M} \;:=\; \frac{1}{M_1} + \frac{1}{M_2} \tag{2.155}$$

を利用する。すると，

$$\frac{\partial}{\partial \boldsymbol{X}} \;=\; \boldsymbol{\nabla}^{(1)} + \boldsymbol{\nabla}^{(2)} \tag{2.156}$$

が成り立ち，*134 系に働く力は，(2.153) より，

$$\begin{aligned} \boldsymbol{F}^{(1)} + \boldsymbol{F}^{(2)} \;&=\; -\boldsymbol{\nabla}^{(1)} V(\boldsymbol{x}^{(1)}, \boldsymbol{x}^{(2)}; t) - \boldsymbol{\nabla}^{(2)} V(\boldsymbol{x}^{(1)}, \boldsymbol{x}^{(2)}; t) \\ &=\; -\big(\boldsymbol{\nabla}^{(1)} + \boldsymbol{\nabla}^{(2)}\big) V(\boldsymbol{x}^{(1)}, \boldsymbol{x}^{(2)}; t) \;=\; -\frac{\partial}{\partial \boldsymbol{X}} V(\boldsymbol{X}, \tilde{\boldsymbol{x}}; t) \end{aligned} \tag{2.157}$$

となり，*135 Newton の運動方程式 (2.75) $[\,n=1,\ 2\,]$ の辺々の和に (2.157) を代入すると，重心座標に関する運動方程式

$$M_{\mathrm{total}}\, \ddot{\boldsymbol{X}} \;=\; -\frac{\partial}{\partial \boldsymbol{X}} V(\boldsymbol{X}, \tilde{\boldsymbol{x}}; t) \tag{2.158}$$

を得る。同様にして，相対座標に関する運動方程式

$$M \ddot{\tilde{\boldsymbol{x}}} \;=\; -\tilde{\boldsymbol{\nabla}} V(\boldsymbol{X}, \tilde{\boldsymbol{x}}; t) \tag{2.159}$$

を得る。また，系の運動量 (2.149) と系のエネルギー (2.154) は，それぞれ，

$$\boldsymbol{P} \;=\; M_{\mathrm{total}}\, \dot{\boldsymbol{X}} \tag{2.160}$$

$$E \;=\; \frac{M_{\mathrm{total}}}{2} \dot{\boldsymbol{X}}^2 + \frac{M}{2} \dot{\tilde{\boldsymbol{x}}}^2 + V(\boldsymbol{X}, \tilde{\boldsymbol{x}}; t) \tag{2.161}$$

となる。ただし，$V(\boldsymbol{X}, \tilde{\boldsymbol{x}}; t) := V(\boldsymbol{x}^{(1)}, \boldsymbol{x}^{(2)}; t)$ である。重心座標と相対座標が分離しているだけでなく，運動方程式 (2.158) と (2.159) はどちらも Newton の

*134 $\boldsymbol{\nabla}^{(1)} := \frac{\partial}{\partial \boldsymbol{x}^{(1)}}$，$\boldsymbol{\nabla}^{(2)} := \frac{\partial}{\partial \boldsymbol{x}^{(2)}}$，$\tilde{\boldsymbol{\nabla}} := \frac{\partial}{\partial \tilde{\boldsymbol{x}}}$ である。

*135 最後の等号は (2.156) を利用した。

運動方程式 (2.132) と同じ形，そして，系の運動量 (2.160) や系のエネルギー (2.161) も (2.149) や (2.154) と同じ形をしていることに注目されたい。[*136]

最後に，この系の保存則について調べよう。

系の運動量 (2.149) の時間微分は，Newton の運動方程式 (2.75) $[n=1,\ 2]$ と (2.157) より，

$$\begin{aligned}\dot{\boldsymbol{P}} &= M_1\ddot{\boldsymbol{x}}^{(1)} + M_2\ddot{\boldsymbol{x}}^{(2)} = \boldsymbol{F}^{(1)} + \boldsymbol{F}^{(2)} \\ &= -\frac{\partial}{\partial \boldsymbol{X}}V(\boldsymbol{X},\tilde{\boldsymbol{x}};t)\end{aligned} \tag{2.162}$$

となる。したがって，これより，

$$\dot{\boldsymbol{P}} = \boldsymbol{0} \qquad \Longleftrightarrow \qquad \frac{\partial}{\partial \boldsymbol{X}}V(\boldsymbol{X},\tilde{\boldsymbol{x}};t) = \boldsymbol{0} \tag{2.163}$$

が得られ，$\dot{\boldsymbol{P}}=\boldsymbol{0}$ が成り立つためには，ポテンシャル V が重心座標 $\boldsymbol{X}$ (2.142) に依存しないことが必要十分条件になる。これは，ポテンシャルに関する空間一様性に他ならない。運動量保存則 $\dot{\boldsymbol{P}}=\boldsymbol{0}$ (2.38) が成り立つためには，ポテンシャルの空間一様性が必要十分条件になるのである。また，ポテンシャル V が重心座標 $\boldsymbol{X}$ に依存しなければ，保存力の仮定 (2.153) によって定義される力 $\boldsymbol{F}^{(1)}$ と $\boldsymbol{F}^{(2)}$ も重心座標 $\boldsymbol{X}$ に依存せず，運動方程式も空間一様性を持つようになる。[*137]

系のエネルギー (2.154) の時間微分は，Newton の運動方程式 (2.75) $[n=1,\ 2]$ と保存力の仮定 (2.153) より，

$$\begin{aligned}\dot{E} &= M_1\dot{\boldsymbol{x}}^{(1)}\cdot\ddot{\boldsymbol{x}}^{(1)} + M_2\dot{\boldsymbol{x}}^{(2)}\cdot\ddot{\boldsymbol{x}}^{(2)} \\ &\quad + \left(\dot{\boldsymbol{x}}^{(1)}\cdot\frac{\partial}{\partial \boldsymbol{x}^{(1)}} + \dot{\boldsymbol{x}}^{(2)}\cdot\frac{\partial}{\partial \boldsymbol{x}^{(2)}} + \frac{\partial}{\partial t}\right)V(\boldsymbol{x}^{(1)},\boldsymbol{x}^{(2)};t) \\ &= \dot{\boldsymbol{x}}^{(1)}\cdot\big(M_1\ddot{\boldsymbol{x}}^{(1)} + \boldsymbol{\nabla}^{(1)}V(\boldsymbol{x}^{(1)},\boldsymbol{x}^{(2)};t)\big) \\ &\quad + \dot{\boldsymbol{x}}^{(2)}\cdot\big(M_2\ddot{\boldsymbol{x}}^{(2)} + \boldsymbol{\nabla}^{(2)}V(\boldsymbol{x}^{(1)},\boldsymbol{x}^{(2)};t)\big) + \frac{\partial}{\partial t}V(\boldsymbol{x}^{(1)},\boldsymbol{x}^{(2)};t) \\ &= \frac{\partial}{\partial t}V(\boldsymbol{x}^{(1)},\boldsymbol{x}^{(2)};t) = \frac{\partial}{\partial t}V(\boldsymbol{X},\tilde{\boldsymbol{x}};t)\end{aligned} \tag{2.164}$$

---

*136 重心座標と換算質量を導入した理由がここにある。

*137 脚注(*129) を参照せよ。ただし，逆は成り立たない。たとえば，重心座標 $\boldsymbol{X}$ に依存しないポテンシャル V に $\boldsymbol{C}\cdot\boldsymbol{X}$ を加えると，ポテンシャル V は $\boldsymbol{X}$ に依存するようになるが，重心座標に関する運動方程式 (2.158) は $\boldsymbol{X}$ に依存しないまま変更を受ける。($\boldsymbol{C}$ は定数ベクトル) これはわずかな違いではあるが，対称性を運動方程式に課すべきなのか，ポテンシャルに課すべきなのか，議論が分かれるところで，何が理論の本質なのか考えさせられる問題である。

となる。[*138] したがって，これより，

$$\dot{E} = 0 \quad \Longleftrightarrow \quad \frac{\partial}{\partial t} V(\boldsymbol{X}, \tilde{\boldsymbol{x}}; t) = 0 \tag{2.165}$$

が得られ，$\dot{E}=0$ が成り立つためには，ポテンシャル V が時刻 t に陽に依存しないことが必要十分条件になる。これは，ポテンシャルに関する時間一様性に他ならない。エネルギー保存則 $\dot{E}=0^{(2.66)}$ が成り立つためには，ポテンシャルの時間一様性が必要十分条件になるのである。ただし，このときのエネルギー E は (2.154)・(2.161) である。また，ポテンシャル V が時刻 t に陽に依存しなければ，保存力の仮定 (2.153) によって定義される力 $\boldsymbol{F}^{(1)}$ と $\boldsymbol{F}^{(2)}$ も時刻 t に陽に依存せず，運動方程式も時間一様性を持つようになる。[*139]

2.3.4項の演習問題

問 1[B] Newton の運動方程式 (2.75) $[n=1, 2]$ ただし (2.153) に従う 2 粒子系について，以下の問いに答えよ。

a)　位置 $\boldsymbol{x}^{(1)}$ と $\boldsymbol{x}^{(2)}$ は，重心座標 $\boldsymbol{X}$ (2.142) と相対座標 $\tilde{\boldsymbol{x}}$ (2.141) により，

$$\boldsymbol{x}^{(1)} = \boldsymbol{X} + \frac{M_2}{M_1 + M_2} \tilde{\boldsymbol{x}} \qquad \boldsymbol{x}^{(2)} = \boldsymbol{X} - \frac{M_1}{M_1 + M_2} \tilde{\boldsymbol{x}} \tag{2.166}$$

と表すことができる。これを示せ。

b)　系の運動量 (2.32) と系のエネルギー (2.154) は，それぞれ，(2.160) と (2.161) と書き表すことができる。これを示せ。[*140]

c)　偏微分 $\boldsymbol{\nabla}^{(1)}$ と $\boldsymbol{\nabla}^{(2)}$ は，重心座標の偏微分 $\frac{\partial}{\partial \boldsymbol{X}}$ と $\frac{\partial}{\partial \boldsymbol{X}} = \boldsymbol{\nabla}^{(1)} + \boldsymbol{\nabla}^{(2)\,(2.156)}$，相対座標の偏微分 $\tilde{\boldsymbol{\nabla}} := \frac{\partial}{\partial \tilde{\boldsymbol{x}}}$ と

$$\tilde{\boldsymbol{\nabla}} = \frac{1}{M_{\text{total}}} \left(M_2 \boldsymbol{\nabla}^{(1)} - M_1 \boldsymbol{\nabla}^{(2)} \right) \tag{2.167}$$

という関係にある。これを示せ。

---

*138 (2.164) は (2.150) を導いたときの計算と本質的に同じである。違いは，ポテンシャル V が，(2.150) では相対座標 $\tilde{\boldsymbol{x}}(t)$ のみの関数であったが，(2.164) では 2 個の位置 $\boldsymbol{x}^{(1)}(t)$ と $\boldsymbol{x}^{(2)}(t)$ と時刻 t の関数へ拡張されている点である。

*139 脚注(*129)を参照せよ。

*140 a)の結果 (2.166) を利用するとよい。

d) 重心座標 $\boldsymbol{X}$ (2.142) の運動方程式は (2.158) となる。[*141] また，相対座標 $\tilde{\boldsymbol{x}}$ (2.141) の運動方程式は (2.159) となる。これを示せ。

問 2[B] 重心座標と相対座標を利用し，(2.163) と (2.165) を導け。

2.3.5 力学的相似

位置エネルギー $V(\boldsymbol{x})$ が座標の同次関数であるとは，任意の実数 λ に対して，次のような関係を満たすことをいう。

$$V(\lambda\boldsymbol{x}) \;=\; \lambda^k V(\boldsymbol{x}) \tag{2.168}$$

k は位置エネルギーの形で決まる実数である。たとえば，一様重力場 $[\,V(\boldsymbol{x}) = \alpha z\,]$ なら $k{=}1$，調和振動子の位置エネルギー $[\,V(\boldsymbol{x}) = \alpha\boldsymbol{x}^2\,]$ なら $k{=}2$，Kepler 運動の重力場 $[\,V(\boldsymbol{x}) = \frac{\alpha}{r}\,]$ なら $k{=}-1$ である。

ところで，ポテンシャル $V(\boldsymbol{x})$ が存在する空間内において，質量 M を持つ点粒子は，Newton の運動方程式 (2.132) に従って運動する。そこで，位置 $\boldsymbol{x}$ と時刻 t を (1.91)，すなわち，

$$\boldsymbol{x} \longmapsto \boldsymbol{x}' := \lambda\boldsymbol{x} \qquad\qquad t \longmapsto t' := \nu t \tag{2.169}$$

とスケール変換させるならば，$\dot{\boldsymbol{x}} \longmapsto \dot{\boldsymbol{x}}' = \frac{\lambda}{\nu}\dot{\boldsymbol{x}}$，$\ddot{\boldsymbol{x}} \longmapsto \ddot{\boldsymbol{x}}' = \frac{\lambda}{\nu^2}\ddot{\boldsymbol{x}}$ であるから，Newton の運動方程式 (2.132) は，

$$\frac{\lambda}{\nu^2}M\ddot{\boldsymbol{x}} \;=\; -\,\lambda^{k-1}\,\boldsymbol{\nabla}V(\boldsymbol{x})$$

と変換する。この方程式が最初の方程式 (2.132) と一致するためには，

$$\lambda^{2-k} \;=\; \nu^2 \tag{2.170}$$

となればよい。よって，X を運動の軌道に関する距離的長さを表す物理量，T を運動の周期に関する時間的長さを表す物理量[*142]とすれば，変換 (2.169) の下で，$X \longmapsto X' := \lambda X$，$T \longmapsto T' := \nu T$ であるから，

$$\frac{X^{2-k}}{T^2} \tag{2.171}$$

[*141] 特に位置エネルギー V が $\boldsymbol{X}$ に依存しない場合，(2.158) は $\ddot{\boldsymbol{X}} = \boldsymbol{0}$ となり，系の重心は等速直線運動をする。これは，重心が 2 粒子間に働く力と無関係であることを意味する。

[*142] たとえば，X は軌道の半径，T は周期などを考えればよい。「周期」とは，同じ運動が繰り返されるときの最小の時間間隔のことである。

の組み合わせは，運動の初期条件によらないことになる。たとえば，一様重力場中の落下運動なら，$k=1$ なので，(2.171) は $\frac{X}{T^2}$ となり，落下時間の 2 乗は落下開始の高さに比例することがわかる。調和振動子なら，$k=2$ なので，(2.171) は $\frac{1}{T^2}$ となり，振動の周期は振幅と無関係であることがわかる。また，Kepler 運動なら，$k=-1$ なので，(2.171) は $\frac{X^3}{T^2}$ となり，公転周期の 2 乗は軌道半径の 3 乗に比例することがわかる。*143

では次に，位置エネルギー $V(\boldsymbol{x})$ が座標と同次関数で，系の時間発展が空間のある一定の領域内に限られている場合を考えよう。このような系の場合，物理量の時間的平均値を定義することができて，

$$\overline{A} \;=\; \lim_{T\to\infty}\frac{1}{T}\int_0^T \mathrm{d}t\, A(t) \tag{2.172}$$

と定義する。時間 T が経過するときの運動エネルギーの平均値の 2 倍は，

$$\begin{aligned}
\frac{1}{T}\int_0^T \mathrm{d}t\,(M\dot{\boldsymbol{x}}^2) &= \frac{1}{T}\int_0^T \mathrm{d}t\left\{\frac{\mathrm{d}}{\mathrm{d}t}(M\boldsymbol{x}\cdot\dot{\boldsymbol{x}}) - M\boldsymbol{x}\cdot\ddot{\boldsymbol{x}}\right\}\\
&= \frac{1}{T}\int_0^T \mathrm{d}t\left\{\frac{\mathrm{d}}{\mathrm{d}t}(M\boldsymbol{x}\cdot\dot{\boldsymbol{x}}) + \boldsymbol{x}\cdot\frac{\partial V(\boldsymbol{x})}{\partial \boldsymbol{x}}\right\}\\
&= \frac{1}{T}\Big[M\boldsymbol{x}\cdot\dot{\boldsymbol{x}}\Big]_0^T + \frac{1}{T}\int_0^T \mathrm{d}t\left(\boldsymbol{x}\cdot\frac{\partial V(\boldsymbol{x})}{\partial \boldsymbol{x}}\right)
\end{aligned}$$

となる。2 番目の等号では，Newton の運動方程式 (2.132) を利用した。ところで，系の時間発展は空間のある一定の領域内に限られているので，位置 $\boldsymbol{x}(t)$ と速度 $\dot{\boldsymbol{x}}(t)$ はどちらも有限で，

$$\lim_{T\to\infty}\frac{1}{T}\Big[\boldsymbol{x}\cdot\dot{\boldsymbol{x}}\Big]_0^T = \lim_{T\to\infty}\frac{\boldsymbol{x}(T)\cdot\dot{\boldsymbol{x}}(T) - \boldsymbol{x}(0)\cdot\dot{\boldsymbol{x}}(0)}{T} = 0$$

である。また，位置エネルギー $V(\boldsymbol{x})$ は，同次関数であること (2.168) を仮定するならば，(2.168) の両辺を λ について偏微分すると，

$$\boldsymbol{x}\cdot\frac{\partial V(\lambda\boldsymbol{x})}{\partial(\lambda\boldsymbol{x})} \;=\; k\lambda^{k-1}V(\boldsymbol{x}) \tag{2.173}$$

*143 これは「Kepler の第 3 法則」とよばれる。この法則から，$k=-1$ を持つポテンシャル $V(\boldsymbol{x})$ による力が働いていることがわかる。

を得る。そして，$\lambda \to 1$ とすると，

$$\boldsymbol{x}\cdot\frac{\partial V(\boldsymbol{x})}{\partial \boldsymbol{x}} = kV(\boldsymbol{x})$$

を得る。したがって，運動エネルギーの平均値の2倍は，

$$\frac{1}{T}\int_0^T \mathrm{d}t\,(M\dot{\boldsymbol{x}}^2) = \frac{1}{T}\int_0^T \mathrm{d}t\,(kV(\boldsymbol{x}))$$

となり，

$$2\overline{K} = k\overline{V} \tag{2.174}$$

が成り立つことがわかる。$\overline{K}$ と $\overline{V}$ の定義は，それぞれ，

$$\overline{K} := \frac{1}{T}\int_0^T \mathrm{d}t\left(\frac{M}{2}\dot{\boldsymbol{x}}^2\right) \qquad \overline{V} := \frac{1}{T}\int_0^T \mathrm{d}t\,V(\boldsymbol{x}) \tag{2.175}$$

で，運動エネルギーの時間的平均値と位置エネルギーの時間的平均値を表す。これは「ビリアル定理」とよばれている。たとえば，一様重力場中の運動なら，$k=1$ なので，$2\overline{K}=\overline{V}$ となる。調和振動子の運動なら，$k=2$ なので，$\overline{K}=\overline{V}$ となる。また，Kepler運動なら，$k=-1$ なので，$2\overline{K}=-\overline{V}$ となる。

2.3.5項の演習問題

問 1[A] 位置 $\boldsymbol{x}$ と時刻 t が (2.169) と変換するとき，$\dot{\boldsymbol{x}} \longmapsto \dot{\boldsymbol{x}}' = \frac{\lambda}{\nu}\dot{\boldsymbol{x}}$，$\ddot{\boldsymbol{x}} \longmapsto \ddot{\boldsymbol{x}}' = \frac{\lambda}{\nu^2}\ddot{\boldsymbol{x}}$，また，$\boldsymbol{\nabla} \longmapsto \boldsymbol{\nabla}' = \frac{1}{\lambda}\boldsymbol{\nabla}$ となる。これを示せ。

問 2[B]【単振り子】2.2.1項問5で扱った単振り子について，以下の問いに答えよ。

a)　この系はスケール変換に対して不変にならないが，ある条件下ではスケール変換に対して不変になる近似が可能になる。これを示せ。

b)　a)で述べた近似が成り立つ運動の場合，運動の周期は振幅と無関係になる。これを示せ。また，運動の周期と振り子の長さの関係をスケール変換を利用して求めよ。

2.4　中心力と角運動量保存則

力が保存力の場合，空間一様性と運動量保存則は (2.163) のように，時間一様性とエネルギー保存則は (2.165) のように結び付く。対称性と保存則が1対1対

応するのである。もしこの考えが一般的に成立するなら，空間等方性も何らかの保存則に対応するはずである。本節では，空間等方性と結び付く保存則を考えてみよう。

慣性系において，任意の位置 $\boldsymbol{x}=r\,\mathbf{e}_r$ に置かれた点粒子に原点を中心とする力

$$\boldsymbol{F} \;=\; F(\boldsymbol{x},\dot{\boldsymbol{x}};t)\,\mathbf{e}_r \tag{2.176}$$

が働くとき,[*144] この力を「中心力」という。[*145] 中心力を定義するときは，空間等方性の定義のときと同様，どの点を中心にするのかを決める必要がある。(2.176) の $\boldsymbol{F}$ は，F の位置依存性が $F(r;t)$ であれば，空間等方性を持つベクトルになるので，中心力はその一つ手前の性質を持つ力である。

本節では，中心力が働くときの点粒子の運動を調べることにしよう。

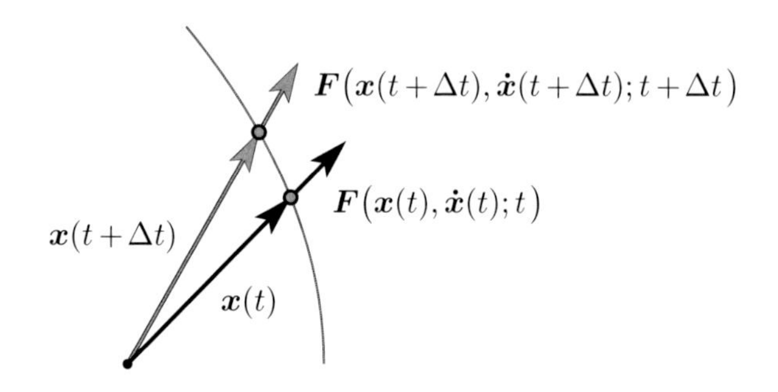

図 2.12　点粒子の運動の軌跡と中心力 $\boldsymbol{F}\big(\boldsymbol{x}(t),\dot{\boldsymbol{x}}(t);t\big)$

2.4.1　角運動量と回転の運動方程式

点粒子に働く力が中心力 $\boldsymbol{F}=F\,\mathbf{e}_r{}^{(2.176)}$ のときは，この力を Newton の運動方程式 (2.75) に代入すると，

$$M\ddot{\boldsymbol{x}} \;=\; F\,\mathbf{e}_r \;=\; \frac{F}{r}\boldsymbol{x}$$

となり，加速度 $\ddot{\boldsymbol{x}}$ と位置 $\boldsymbol{x}$ は同じ向きを持つことがわかる。これを式で表すと，

$$\boldsymbol{x}\times\ddot{\boldsymbol{x}} \;=\; \mathbf{0}$$

[*144] $\mathbf{e}_r := \frac{\boldsymbol{x}}{r}$ は球座標系の動径方向の単位ベクトル。

[*145] 中心力とは，慣性系の任意の位置 $\boldsymbol{x}$ に対して $\boldsymbol{x}\times\boldsymbol{F}=\mathbf{0}$ が成り立つ力 $\boldsymbol{F}$ のことである。

となる。$\dot{\boldsymbol{x}}\times\dot{\boldsymbol{x}}=\boldsymbol{0}$ なので,[*146] これは,

$$\frac{\mathrm{d}}{\mathrm{d}t}(\boldsymbol{x}\times\dot{\boldsymbol{x}}) \;=\; \boldsymbol{0}$$

すなわち,

$$\dot{\boldsymbol{L}} \;=\; \boldsymbol{0} \tag{2.177}$$

と書き表すことができる。ただし,

$$\boldsymbol{L} \;:=\; \boldsymbol{x}\times\boldsymbol{p} \;=\; \boldsymbol{x}\times M\dot{\boldsymbol{x}} \tag{2.178}$$

である。質量 M を掛けたのは,多粒子系の場合や質量が時間変化する場合でも同じ法則を得るためである。[*147] $\boldsymbol{L}$ を「角運動量」,または,「軌道角運動量」といい,(2.177) を「角運動量保存則」という。

中心力とは限らない一般的な力 $\boldsymbol{F}$ が働くときは,角運動量 (2.178) の時間微分は,$\dot{\boldsymbol{L}}=\frac{\mathrm{d}}{\mathrm{d}t}(\boldsymbol{x}\times\boldsymbol{p})=\dot{\boldsymbol{x}}\times\boldsymbol{p}+\boldsymbol{x}\times\dot{\boldsymbol{p}}$ となり,さらに (2.125) と (2.127) を使うと,

$$\dot{\boldsymbol{L}} \;=\; \boldsymbol{N} \tag{2.179}$$

となる。ただし,

$$\boldsymbol{N} \;:=\; \boldsymbol{x}\times\boldsymbol{F} \tag{2.180}$$

である。$\boldsymbol{N}$ を「力のモーメント」という。(2.179) は,運動方程式 $\dot{\boldsymbol{p}}=\boldsymbol{F}$ (2.125) に対応するが,回転運動を表す運動方程式なので,「回転の運動方程式」とよばれる。(2.179) が運動方程式であることは,(1.30) の形に変形できることからわかる。[*148] また,(2.179) を時間について積分すると,

$$\boldsymbol{L} \;=\; \int \mathrm{d}t\,\boldsymbol{N} \tag{2.181}$$

を得る。右辺の $\int\mathrm{d}t\boldsymbol{N}$ を「角力積」といい,この式から角運動量が「回転運動の勢い」を表していることが理解できる。

もし点粒子に働く中心力 $\boldsymbol{F}$ が保存力ならば,ポテンシャル $V(\boldsymbol{x})$ を使って力を $\boldsymbol{F}=-\boldsymbol{\nabla}V(\boldsymbol{x})$ (2.131) のように表すことができるが,中心力なので,

$$\boldsymbol{\nabla}V(\boldsymbol{x}) \;=\; \mathbf{e}_r V'(\boldsymbol{x}) \tag{2.182}$$

[*146] 任意のベクトル $\boldsymbol{\varphi}$ に対し,$\boldsymbol{\varphi}\times\boldsymbol{\varphi}=\boldsymbol{0}$ が成り立つ。

[*147] ここでは,「質量 M は時間に依存しない。」という限定した状況になる。

[*148] (2.179) に (2.178) を代入して $\boldsymbol{x}\times M\ddot{\boldsymbol{x}}=\boldsymbol{N}$ とした後,3 次元球座標系を利用するとよい。回転運動を表す運動方程式であることもわかる。

が成り立つ必要がある。[*149] ところで，一般的な関数 $V(\boldsymbol{x})$ に対して，

$$\nabla V(\boldsymbol{x}) = \left(\mathbf{e}_r \frac{\partial}{\partial r} + \mathbf{e}_\theta \frac{1}{r}\frac{\partial}{\partial \theta} + \mathbf{e}_\varphi \frac{1}{r\sin\theta}\frac{\partial}{\partial \varphi}\right) V(\boldsymbol{x}) \tag{2.183}$$

が成り立つ。したがって，この式と (2.182) より，$V(\boldsymbol{x}) = V(r,\theta,\varphi)$ は r にのみ依存し，$V'(\boldsymbol{x}) = \frac{\mathrm{d}}{\mathrm{d}r}V(r)$ となることがわかる。つまり，中心力かつ保存力になるポテンシャルは球対称なのである。よって，中心力は

$$\boldsymbol{F} = -\frac{\boldsymbol{x}}{r}\frac{\mathrm{d}}{\mathrm{d}r}V(r) \tag{2.184}$$

となり，Newton の運動方程式 (2.132) は，

$$M\ddot{\boldsymbol{x}} = -\frac{\boldsymbol{x}}{r}\frac{\mathrm{d}}{\mathrm{d}r}V(r) \tag{2.185}$$

となる。

中心力 (2.176) の起動因子 $\boldsymbol{f}$ は (1.59) の形にはなっていないので，空間等方性はないが，[*150] 保存力を要請することで得られた中心力 (2.184) の起動因子 $\boldsymbol{f}$ は $f_x = -\frac{1}{Mr}\frac{\mathrm{d}}{\mathrm{d}r}V(r)$，$f_v = f_{xv} = 0$ とすると (1.59) の形になり，空間等方性が現れる。ポテンシャルが球対称であることと空間等方性が結び付いていることにも注目しよう。[*151]

2.4.1 項の演習問題

問 1^{B} 運動量が $\boldsymbol{p} = M\dot{\boldsymbol{x}}$ (2.33) となるとき，角運動量 $\boldsymbol{L} = \boldsymbol{x}\times M\dot{\boldsymbol{x}}$ (2.178) の座標表示について以下の問いに答えよ。

a) 角運動量 $\boldsymbol{L}$ を 3 次元 Cartesian 座標系で表せ。

b) a) で求めた Cartesian 座標系の各成分を 3 次元球座標系で表せ。

c) 角運動量 $\boldsymbol{L}$ を 3 次元球座標系で表せ。

---

*149 $r := |\boldsymbol{x}|$，$\mathbf{e}_r := \frac{\boldsymbol{x}}{r}$ である。中心力であるためには，(2.176) であること，つまり，$\nabla V(\boldsymbol{x})$ が $\boldsymbol{x}$ と同じ方向を向いていることが必要十分である。

*150 空間等方性が存在するには，中心力 (2.176) の起動因子 $\boldsymbol{f} = \frac{1}{M}F(\boldsymbol{x},\dot{\boldsymbol{x}};t)\,\mathbf{e}_r$ は $\boldsymbol{x}$, $\dot{\boldsymbol{x}}$, t の勝手な関数では駄目で，これらの内積や外積によって (1.59) の形になる必要がある。

*151 本書では，対称性を運動方程式に課したが，脚注(*137) と同様，ここでもポテンシャルのような物理量に対称性を課すという考え方が浮上する。この段階ではどちらの道を選択した方がよいのかわからないが，後々，「解析力学」や「場の量子論」にゆくと，理論的には後者がよりよいことがわかる。

問 2[B] 動径方向の運動量を

$$p_r := \mathbf{e}_r \cdot \boldsymbol{p} \tag{2.186}$$

と定義すると，

$$p_r = M\dot{r} \tag{2.187}$$

が成り立つ。これを示せ。また，次の関係式を示せ。

$$\boldsymbol{p}^2 = p_r^2 + \frac{\boldsymbol{L}^2}{r^2} \tag{2.188}$$

問 3[B] 面積速度の大きさは (2.189) となる。[*152] これを示せ。

$$\frac{1}{2}r^2\dot{\varphi} = \frac{|\boldsymbol{L}|}{2M} \tag{2.189}$$

問 4[A] 質量 M の点粒子が中心力 $\boldsymbol{F}$ を受け，半径 R の円を描く運動をしている。点粒子に働く力 $\boldsymbol{F}$ を求めよ。[*153]

問 5[B]【ぶらんこ】2.2.1 項問 5 の単振り子が運動の最中に，最下点において振り子の長さを b だけ縮め，最上点において振り子の長さを b だけ伸ばす運動を繰り返している。ただし，振り子の長さの伸び縮みは瞬間的に行われる。これについて，以下の問いに答えよ。

a) 初期状態は振り子が静止した状態にあり，このときの振り子の位置エネルギーを E_0 とする。ただし，位置エネルギーの基準を，振り子の最下点，つまり，振り子の支点から鉛直方向下方 l の位置とする。振り子が初めて最下点に到達した後，振り子の長さが b だけ縮んだ後の振り子の速度を求めよ。

b) a) において，振り子を縮める力が振り子に与えるエネルギーを調べよ。

c) 振り子が初めて最上点に到達した後，振り子の長さが b だけ伸びた後の振り子の位置エネルギー E_1 を求めよ。

d) 振り子が 2 回目に最上点に到達した後，振り子の長さが b だけ伸びた後の振り子の位置エネルギー E_2 を求めよ。[*154]

[*152] 面積速度の定義 $\frac{1}{2}\boldsymbol{x}\times\boldsymbol{v}$（1.1.1 項問 4）と角運動量の定義 $\boldsymbol{L} := \boldsymbol{x}\times\boldsymbol{p}^{(2.178)}$ を比較すると，面積速度は，その向きも含め，$\frac{\boldsymbol{L}}{2M}$ に等しいことがわかる。

[*153] 一般性を失うことなく，2 次元空間に限定し，円の中心を原点にすることができる。また，中心力なので角運動量保存則が成り立ち，(2.189) より，角速度 $\omega_0 := \dot{\varphi}$ は一定になる。

[*154] 2 回目の最上点は，振り子が調和振動ならば，振り子が初めて戻ってきたときに相当する。

2.4.2　多粒子系の中心力と保存則

本項では，多数の点粒子が互いに中心力を及ぼし合うときに成り立つ保存則について考えよう。「互いに中心力を及ぼし合う」とは，「互いに相手の点粒子を中心とする中心力を受ける」という意味である。[*155] ただし，ここで扱う中心力は保存力とする。つまり，ポテンシャルは $V(r)$ のような球対称をしており，(2.184) のように表される力のみを扱う。

多数の点粒子が存在する系の角運動量 $\boldsymbol{L}$ は，運動量 (2.37) と同様に，

$$\boldsymbol{L} \;:=\; \sum_{n=1}^{N} \boldsymbol{L}^{(n)} \tag{2.190}$$

のように，個々の点粒子の角運動量 $\boldsymbol{L}^{(n)}$ の総和とする。ただし，$\boldsymbol{L}^{(n)}\,[\,n=1,\,2,\,\ldots,\,N\,]$ は

$$\boldsymbol{L}^{(n)} \;:=\; \boldsymbol{x}^{(n)}\times\boldsymbol{p}^{(n)} \;=\; \boldsymbol{x}^{(n)}\times M_n\dot{\boldsymbol{x}}^{(n)} \tag{2.191}$$

である。また，系に働く力のモーメント $\boldsymbol{N}$ についても，

$$\boldsymbol{N} \;:=\; \sum_{n=1}^{N} \boldsymbol{N}^{(n)} \tag{2.192}$$

のように，個々の点粒子に働く力のモーメントを $\boldsymbol{N}^{(n)}$ の総和とする。ただし，$\boldsymbol{N}^{(n)}\,[\,n=1,\,2,\,\ldots,\,N\,]$ は

$$\boldsymbol{N}^{(n)} \;:=\; \boldsymbol{x}^{(n)}\times\boldsymbol{F}^{(n)} \tag{2.193}$$

である。個々の点粒子の角運動量 $\boldsymbol{L}^{(n)}$ の時間微分は，(2.179) を導いたときと同様にすると，回転の運動方程式

$$\dot{\boldsymbol{L}}^{(n)} \;=\; \boldsymbol{N}^{(n)} \tag{2.194}$$

$[\,n=1,\,2,\,\ldots,\,N\,]$ となる。系の角運動量 $\boldsymbol{L}$ (2.190) の時間微分は，(2.179)·(2.180) と形式的に同じ式

$$\dot{\boldsymbol{L}} \;=\; \boldsymbol{N} \tag{2.195}$$

[*155] 厳密な定義については，(2.197)·(2.198) を参照せよ。

となる。特に，力が $\boldsymbol{F}=\boldsymbol{0}$ のときは，力のモーメントは $\boldsymbol{N}=\boldsymbol{0}$ となり，(2.195) は角運動量保存則 $\dot{\boldsymbol{L}}=\boldsymbol{0}$ (2.177) と形式的に同じ式

$$\dot{\boldsymbol{L}} \;=\; \boldsymbol{0} \tag{2.196}$$

となる。これは系の角運動量保存則である。

2粒子系

2.3.3項の2粒子系において，2つの点粒子が互いに中心力を及ぼし合う状況を考えよう。つまり，(2.146)･(2.147) のポテンシャルを球対称な形に限定し，それぞれの点粒子に働く力を，

$$\boldsymbol{F}^{(1)} \;=\; -\tilde{\boldsymbol{\nabla}}V(r) \;=\; -\frac{\tilde{\boldsymbol{x}}}{r}\frac{\mathrm{d}}{\mathrm{d}r}V(r) \tag{2.197}$$

$$\boldsymbol{F}^{(2)} \;=\; \tilde{\boldsymbol{\nabla}}V(r) \;=\; \frac{\tilde{\boldsymbol{x}}}{r}\frac{\mathrm{d}}{\mathrm{d}r}V(r) \tag{2.198}$$

とする。ただし，$\tilde{\boldsymbol{x}}:=\boldsymbol{x}^{(1)}-\boldsymbol{x}^{(2)}$ (2.141)，$r:=|\tilde{\boldsymbol{x}}|$ である。

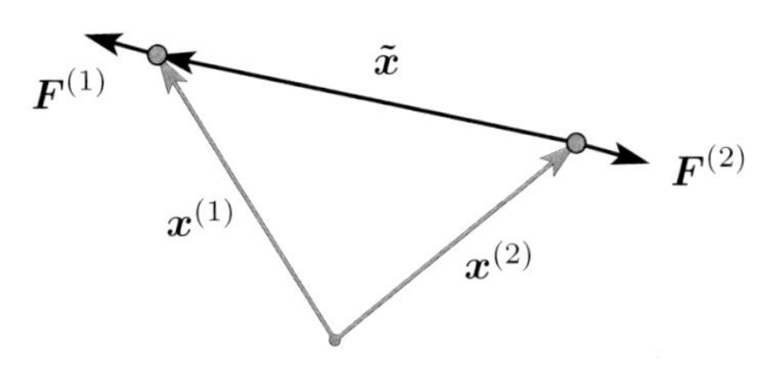

図 2.13 2粒子系に働く中心力 $\boldsymbol{F}^{(1)}$ と $\boldsymbol{F}^{(2)}$

系に働く力 $\boldsymbol{F}$ は，(2.197)･(2.198) を利用すると，

$$\boldsymbol{F} \;:=\; \boldsymbol{F}^{(1)}+\boldsymbol{F}^{(2)} \;=\; \boldsymbol{0} \tag{2.199}$$

となる。(2.199) は作用･反作用の法則である。一方，系に働く力のモーメント $\boldsymbol{N}$ は，(2.192)･(2.193)，および，(2.197)･(2.198) と (2.141) を利用すると，

$$\begin{aligned}\boldsymbol{N} \;&:=\; \boldsymbol{N}^{(1)}+\boldsymbol{N}^{(2)} \;=\; \boldsymbol{x}^{(1)}\times\boldsymbol{F}^{(1)}+\boldsymbol{x}^{(2)}\times\boldsymbol{F}^{(2)}\\ &=\; -\boldsymbol{x}^{(1)}\times\frac{\tilde{\boldsymbol{x}}}{r}\frac{\mathrm{d}}{\mathrm{d}r}V(r)+\boldsymbol{x}^{(2)}\times\frac{\tilde{\boldsymbol{x}}}{r}\frac{\mathrm{d}}{\mathrm{d}r}V(r)\\ &=\; -(\boldsymbol{x}^{(1)}-\boldsymbol{x}^{(2)})\times\frac{\tilde{\boldsymbol{x}}}{r}\frac{\mathrm{d}}{\mathrm{d}r}V(r) \;=\; -\tilde{\boldsymbol{x}}\times\frac{\tilde{\boldsymbol{x}}}{r}\frac{\mathrm{d}}{\mathrm{d}r}V(r) \;=\; \boldsymbol{0}\end{aligned} \tag{2.200}$$

となる。[*156] (2.200) は「回転の作用・反作用の法則」である。$\boldsymbol{F}^{(1)}$と$\boldsymbol{F}^{(2)}$，および，$\boldsymbol{N}^{(1)}$と$\boldsymbol{N}^{(2)}$が打ち消し合う理由は，力が保存力であること，および，ポテンシャルVが相対座標の大きさrのみに依存する関数であること（後者は，空間一様性・等方性と等価。）の2つである。

$\dot{\boldsymbol{P}} = \boldsymbol{F}^{(1)} + \boldsymbol{F}^{(2)}$ [$N=2$ のときの (2.100)] と作用・反作用の法則 (2.199) より，運動量保存則 $\dot{\boldsymbol{P}} = \boldsymbol{0}$ (2.38) を得る。また，$\dot{\boldsymbol{L}} = \boldsymbol{N}^{(1)} + \boldsymbol{N}^{(2)}$ [$N=2$ のときの (2.195)] と回転の作用・反作用の法則 (2.200) より，角運動量保存則 $\dot{\boldsymbol{L}} = \boldsymbol{0}$ (2.196) を得る。また，系のエネルギーEは，(2.151) を得たときと同じ計算となり，エネルギー保存則 $\dot{E} = 0$ (2.66) を得る。

2.4.2項の演習問題

問1^{A}　2粒子系の運動方程式 (2.75) の力 $\boldsymbol{F}^{(1)}$ と $\boldsymbol{F}^{(2)}$ が (2.197)･(2.198) となるとき，回転の作用・反作用の法則 (2.200) が成り立つ。これを示せ。

問2^{B}　問1の系のエネルギーE，および，その保存則を導け。

2.5　中心力による運動

本節では，一般的な中心力 (2.176) が働く系ではなく，保存力になる中心力 (2.184) が働く系を扱う。[*157]

2.5.1　中心力による系の時間発展と軌道

質量Mを持つ1つの点粒子が3次元空間内を球対称なポテンシャル$V(r)$の下で運動する系を考えよう。この系の点粒子のNewtonの運動方程式は (2.185) である。これを3次元球座標系によって成分表示すると，

$$M(\ddot{r} - r\dot{\theta}^2 - r\dot{\varphi}^2\sin^2\theta) \;=\; -\frac{\mathrm{d}}{\mathrm{d}r}V(r) \tag{2.202}$$

[*156] 任意のベクトル $\boldsymbol{\varphi}$ に対し，$\boldsymbol{\varphi}\times\boldsymbol{\varphi} = \boldsymbol{0}$ が成り立つ。

[*157] 本節で使用する3次元球座標系 (r, θ, φ) の定義は次の通り。

$$\left\{\begin{array}{lcl} x &=& r\sin\theta\cos\varphi \\ y &=& r\sin\theta\sin\varphi \\ z &=& r\cos\theta \end{array}\right. \qquad \left\{\begin{array}{l} 0 \le r < \infty \\ 0 \le \theta \le \pi \\ 0 \le \varphi < 2\pi \end{array}\right. \tag{2.201}$$

$$M(r\ddot{\theta} + 2\dot{r}\dot{\theta} - r\dot{\varphi}^2 \sin\theta\cos\theta) \;=\; 0 \tag{2.203}$$

$$M(r\ddot{\varphi}\sin\theta + 2\dot{r}\dot{\varphi}\sin\theta + 2r\dot{\varphi}\dot{\theta}\cos\theta) \;=\; 0 \tag{2.204}$$

となる。*158 系は球対称なので，ある時刻 $t = t_0$ において，$\theta(t_0) = \frac{\pi}{2}$，$\dot{\theta}(t_0) = 0$ としても一般性を失わない。*159 このとき，(2.203) より，$\ddot{\theta}(t_0) = 0$ となる。よって，次の瞬間の $t = t_0 + \Delta t$ においても，$\theta(t_0 + \Delta t) = \frac{\pi}{2}$，$\dot{\theta}(t_0 + \Delta t) = 0$ が成り立つ。*160 この手続きを繰り返すと，任意の時刻 t において $\theta(t) = \frac{\pi}{2}$ となることがわかる。したがって，球対称なポテンシャル中の点粒子は，一般性を失わない初期条件の下で $\theta(t) = \frac{\pi}{2}$ となる運動をするので，*161 一般には原点を含む平面内を運動することがわかる。*162

そこで，以下の議論では，任意の時刻 t に対して $\theta(t) = \frac{\pi}{2}$ としよう。これは (2.203) の解なので，当然，(2.203) は成り立つ。そして，この解の下で，残りの方程式の (2.202) と (2.204) は，それぞれ，

$$M(\ddot{r} - r\dot{\varphi}^2) \;=\; -\frac{\mathrm{d}}{\mathrm{d}r}V(r) \tag{2.205}$$

$$M(r\ddot{\varphi} + 2\dot{r}\dot{\varphi}) \;=\; 0 \tag{2.206}$$

となる。*163 (2.205) は，左辺の第 2 項を右辺に移項すると，

$$M\ddot{r} \;=\; -\frac{\mathrm{d}}{\mathrm{d}r}V(r) \;+\; Mr\dot{\varphi}^2 \tag{2.207}$$

---

*158 これらの方程式も，Newton の運動方程式 (2.75) のときと同様，(1.30) の形（Newton の運動方程式 (2.202)〜(2.204) の場合は $\ddot{r} = f_r(r, \theta, \varphi, \dot{r}, \dot{\theta}, \dot{\varphi})$，$\ddot{\theta} = f_\theta(r, \theta, \varphi, \dot{r}, \dot{\theta}, \dot{\varphi})$，$\ddot{\varphi} = f_\varphi(r, \theta, \varphi, \dot{r}, \dot{\theta}, \dot{\varphi})$ となる。）に変形できるので，運動方程式の一種である。

*159 ある時刻 $t = t_0$ において，位置 $\boldsymbol{x}(t_0)$ に速度 $\dot{\boldsymbol{x}}(t_0)$ の点粒子がいたとしよう。系が球対称ならば，z 軸の向きを自由に取ることができるので，この自由度を利用すれば，位置 $\theta(t_0)$ の値を $\frac{\pi}{2}$ に，速度 $\dot{\theta}(t_0)$ の値を 0 にすることができる。球対称という対称性が存在するため，任意の初期条件をこの初期条件に変更することができて，しかも，特殊な初期条件の運動であるにもかかわらず，実質的には一般的な運動を調べることになる。

*160 (1.5) や (1.12) と同様にすると，以下の 2 つの式を得る。

$$\theta(t_0 + \Delta t) \;=\; \theta(t_0) + \dot{\theta}(t_0)\Delta t \;=\; \frac{\pi}{2} + 0\Delta t \;=\; \frac{\pi}{2}$$

$$\dot{\theta}(t_0 + \Delta t) \;=\; \dot{\theta}(t_0) + \ddot{\theta}(t_0)\Delta t \;=\; 0 + 0\Delta t \;=\; 0$$

*161 地球で言えば，北極点を $\theta = 0$ とすると，中心と赤道を含む平面内の運動である。

*162 対称性を利用して特殊化した場合，一般性が失われることはなく，元に戻すことができる。

*163 (2.205)・(2.206) の左辺から M を除いたものは，2 次元極座標における点粒子の加速度に一致することにも注目されたい。

となる。右辺第2項 $Mr\dot{\varphi}^2$ は遠心力である。[*164] (2.206) は，両辺に $\frac{r}{M}$ を掛けると，$r^2\ddot{\varphi}+2r\dot{r}\dot{\varphi}=0$，よって，

$$\frac{\mathrm{d}}{\mathrm{d}t}(r^2\dot{\varphi}) \;=\; 0 \tag{2.208}$$

となる。

ところで，点粒子の速度は，$\theta=\frac{\pi}{2}$ のとき，$\dot{\boldsymbol{x}}=\dot{r}\,\mathbf{e}_r+r\dot{\varphi}\,\mathbf{e}_\varphi$ であるから，[*165] 点粒子の運動量 $\boldsymbol{p}$ と角運動量 $\boldsymbol{L}$ は，それぞれ，(2.33) と (2.178) より，

$$\boldsymbol{p} \;=\; M(\dot{r}\mathbf{e}_r+r\dot{\varphi}\mathbf{e}_\varphi) \tag{2.209}$$

$$\boldsymbol{L} \;=\; -Mr^2\dot{\varphi}\,\mathbf{e}_\theta \tag{2.210}$$

である。(2.210) の大きさから

$$\dot{\varphi} \;=\; \pm\frac{|\boldsymbol{L}|}{Mr^2} \tag{2.211}$$

が得られるが，これを (2.208) に代入すると，角運動量の大きさが一定になることがわかる。[*166] しかも，$\theta(t)=\frac{\pi}{2}$ なので，$\dot{\mathbf{e}}_\theta=\mathbf{0}$ となり，(2.208) は，角運動量保存則 $\dot{\boldsymbol{L}}=\mathbf{0}$ (2.177) となる。[*167] また，(2.211) を (2.207) に代入すると，

$$M\ddot{r} \;=\; -\frac{\mathrm{d}}{\mathrm{d}r}V(r)+\frac{\boldsymbol{L}^2}{Mr^3} \;=\; -\frac{\mathrm{d}}{\mathrm{d}r}V_{\mathrm{eff}}(r) \tag{2.212}$$

を得る。$V_{\mathrm{eff}}(r)$ は「有効ポテンシャル」とよばれ，

$$V_{\mathrm{eff}}(r) \;:=\; V(r)\;+\;\frac{\boldsymbol{L}^2}{2Mr^2} \tag{2.213}$$

と定義される。[*168] 有効ポテンシャルの第2項 $\frac{\boldsymbol{L}^2}{2Mr^2}$ は，遠心力 $Mr\dot{\varphi}^2$ に起因するもので，[*169] 角運動量が生み出すポテンシャルである。

---

*164 本項で扱っている運動は平面内に限定された運動なので，(2.115) の遠心力に一致する。

*165 これは，2次元極座標における速度に一致することにも注目されたい。

*166 (2.189) を利用すると，「角運動量の大きさが一定」は「面積速度の大きさが一定」になる。後者は「Keplerの第2法則」とよばれる。逆に，この法則から，ポテンシャル $V(\boldsymbol{x})$ による力が中心力であることがわかる。

*167 (2.210) は，$\boldsymbol{L}=Mr^2\dot{\varphi}\,\mathbf{e}_z$，よって，$\frac{\boldsymbol{L}}{2M}=\frac{1}{2}r^2\dot{\varphi}\,\mathbf{e}_z$ となり，大きさだけでなく向きも含めて，$\frac{\boldsymbol{L}}{2M}$ は面積速度に等しい。（2.4.1項の問3を参照せよ。）

*168 $\boldsymbol{L}$ は時間変化しない定数ベクトルであることに注意されたい。

*169 (2.207) の遠心力 $Mr\dot{\varphi}^2$ は，(2.211) を代入すると，

$$Mr\dot{\varphi}^2 \;=\; Mr\left(\frac{|\boldsymbol{L}|}{Mr^2}\right)^2 \;=\; \frac{\boldsymbol{L}^2}{Mr^3} \;=\; -\frac{\mathrm{d}}{\mathrm{d}r}\frac{\boldsymbol{L}^2}{2Mr^2} \tag{2.214}$$

最後に，この運動の解について考えよう。2.3.2項にてエネルギーを求めたときと同様のやり方で，(2.212) の両辺に $\dot{r}$ を掛けると，

$$\frac{\mathrm{d}}{\mathrm{d}t}\left(\frac{M}{2}\dot{r}^2\right) = -\frac{\mathrm{d}}{\mathrm{d}t}V_{\text{eff}}(r) \tag{2.215}$$

を得る。両辺を時間について積分して，積分定数を E とおくと，

$$\frac{M}{2}\dot{r}^2 = -V_{\text{eff}}(r) + E \tag{2.216}$$

となり，よって，

$$\pm\,\mathrm{d}r\sqrt{\frac{M}{2\big(E - V_{\text{eff}}(r)\big)}} = \mathrm{d}t \tag{2.217}$$

を得る。これを積分すると，系の時間発展 $r(t)$ を得る。また，(2.211) を変形した $\mathrm{d}t = \pm\,\mathrm{d}\varphi\,\frac{Mr^2}{|\boldsymbol{L}|}$ を (2.217) に代入して $\mathrm{d}t$ を消去すると，

$$\pm\,\frac{\mathrm{d}r}{r^2}\sqrt{\frac{\boldsymbol{L}^2}{2M\big(E - V_{\text{eff}}(r)\big)}} = \mathrm{d}\varphi \tag{2.218}$$

を得る。[*170] これを積分すると，運動の軌道 $r(\varphi)$ を得る。(2.218) は，

$$u := \frac{\sqrt{\beta}}{r} \qquad \beta := \frac{\boldsymbol{L}^2}{2M} \tag{2.219}$$

を用いると，

$$\mp\,\frac{\mathrm{d}u}{\sqrt{E - V\big(\frac{\sqrt{\beta}}{u}\big) - u^2}} = \mathrm{d}\varphi \tag{2.220}$$

と表すことができる。

積分定数 E の物理的な意味であるが，(2.216) から，E は点粒子が持つ運動エネルギーと位置エネルギーの和であることがわかる。中心力が引力の場合，運動エネルギーが小さければ $E < V(\infty)$ となる可能性があり，このとき，点粒子は無限遠まで到達することができず，中心力に束縛された運動になる。それ以外の場合は $E \geq V(\infty)$ となり，点粒子は無限遠まで到達することができて，中心力に束縛されない運動になる。

となる。このことから，$\frac{\boldsymbol{L}^2}{2Mr^2}$ は遠心力に起因するポテンシャルであることがわかる。

*170 (2.217) と (2.211) の複号は同順とは限らないので，打ち消し合うことはない。

2.5.1 項の演習問題

問 1[B]　3次元空間内を球対称なポテンシャル $V(|\boldsymbol{x}|)$ の下で運動する点粒子は原点を含む平面内を運動する。これを示せ。

問 2[A]　2次元空間内を運動する点粒子に中心力が働くときの運動を調べよ。

問 3[B]　(2.216) で導入された E は，点粒子の持つ運動エネルギーと位置エネルギーの和である。これを説明せよ。

2.5.2　万有引力の法則

質量を持つ2つの物体は，空間的に離れた状態でお互いに力を及ぼし合う。この力を「重力」という。2つの物体が点粒子である場合，点粒子1が持つ質量と位置を M_1，$\boldsymbol{x}^{(1)}$，点粒子2が持つ質量と位置を M_2，$\boldsymbol{x}^{(2)}$ とすると，点粒子1が点粒子2によって受ける重力は，実験や観測により，

$$\boldsymbol{F}^{(1\leftarrow 2)} \;=\; -GM_1M_2\,\frac{\boldsymbol{x}^{(1)}-\boldsymbol{x}^{(2)}}{|\boldsymbol{x}^{(1)}-\boldsymbol{x}^{(2)}|^3} \tag{2.221}$$

となることがわかった。[*171] (2.221) を「万有引力の法則」という。[*172] G は「万有引力定数」,[*173] または，「Newton 定数」とよばれる自然定数で，

$$G \;\sim\; 6.674\times 10^{-11}\;\left[\mathrm{N\,m^2/\,kg^2}\right] \tag{2.222}$$

である。[*174] 重力 (2.221) は，図 2.13 の力と正反対の向きに働く中心力で，大きさは，2粒子間の距離を $r := |\boldsymbol{x}^{(1)}-\boldsymbol{x}^{(2)}|$ とすると，$\frac{GM_1M_2}{r^2}$ となり，$\frac{1}{r^2}$ に比例する。点粒子の質量はどちらも正，つまり，$M_1, M_2 > 0$ なので，重力は常に引力となり，しかも，重力 (2.221) の式中に 2.1.2項で導入した質量が登場するのである。Newton 力学では，重力が (2.221) の形になる理由を説明できないばかりか，ここに質量が登場する理由も説明できないことにも注目しよう。[*175] それゆえ，この問題を強調するため，Newton の運動方程式 (2.75)·(2.79) に現れる質

[*171] これは，理論的な背景がない式である。

[*172]「万有引力 = 重力」なので，重力の法則とよぶべきだが，こちらの呼び名が習慣となった。全ての物質は質量を持ち，引力となるので，万有引力という呼び名となったのである。

[*173]「重力定数」ともいう。

[*174] 式中の "∼" は，等号の一種で，「両辺はほぼ等しい」という意味である。

[*175] これは，Newton 力学の最大の謎である。

量 M_n を「慣性質量」とよぶことに対して，万有引力の法則 (2.221) に現れる質量 M_n を「重力質量」とよぶことがある。万有引力の法則 (2.221) では，点粒子 1 と点粒子 2 の役割が対称的で，作用・反作用の法則

$$\boldsymbol{F}^{(1\leftarrow 2)} \ = \ -\boldsymbol{F}^{(2\leftarrow 1)} \tag{2.223}$$

が成り立つ。重力 (2.221) は作用・反作用の法則が成り立つ遠隔力なのである。また，力 (2.221) は，(2.146) と同じく，

$$\boldsymbol{F}^{(1\leftarrow 2)} \ = \ -\boldsymbol{\nabla}^{(1)} V\big(\boldsymbol{x}^{(1)} - \boldsymbol{x}^{(2)}\big) \tag{2.224}$$

ただし，

$$V(\tilde{\boldsymbol{x}}) \ := \ -\frac{GM_1M_2}{|\tilde{\boldsymbol{x}}|} \tag{2.225}$$

と表すことができるので，重力 (2.221) は保存力であり，かつ，中心力であることがわかる。また，重力 (2.221) を相対座標 $\tilde{\boldsymbol{x}}$ (2.141) によって表すならば，$M_1M_2 = M_{\rm total}M$ であるから，相対座標の運動方程式 (2.159) は，

$$M\ddot{\tilde{\boldsymbol{x}}} \ = \ \boldsymbol{F}(\tilde{\boldsymbol{x}}) \ = \ -\frac{\bar{\alpha}\tilde{\boldsymbol{x}}}{|\tilde{\boldsymbol{x}}|^3} \ = \ -\tilde{\boldsymbol{\nabla}} V(\tilde{\boldsymbol{x}}) \qquad V(\tilde{\boldsymbol{x}}) \ = \ -\frac{\bar{\alpha}}{|\tilde{\boldsymbol{x}}|} \tag{2.226}$$

$$\big[\,\bar{\alpha} := GM_1M_2 = GM_{\rm total}M > 0\,\big]$$

となる。

質量 m の点粒子が位置 $\tilde{\boldsymbol{x}}$ に，質量密度 $\rho(\boldsymbol{x}')$ の物体が領域 D の空間に拡がって存在するとき，点粒子と拡がった物体間に働く重力は，(2.221) より，

$$\boldsymbol{F}(\tilde{\boldsymbol{x}}) \ = \ -Gm\int_D {\rm d}^3x' \rho(\boldsymbol{x}') \frac{\tilde{\boldsymbol{x}} - \boldsymbol{x}'}{|\tilde{\boldsymbol{x}} - \boldsymbol{x}'|^3} \tag{2.227}$$

となり，ポテンシャルは，(2.227) と (2.131)，または，(2.225) より，

$$V(\tilde{\boldsymbol{x}}) \ = \ -Gm\int_D {\rm d}^3x' \frac{\rho(\boldsymbol{x}')}{|\tilde{\boldsymbol{x}} - \boldsymbol{x}'|} \tag{2.228}$$

となる。

万有引力 (2.221) は，重ね合わせの原理が成り立つ。 (2.229)

のである。[176] もちろん，性質 (2.229) は観測事実に基づくもので，弱い重力でよく成り立つ近似なのだが，非常に強い重力では成り立たない。[177]

2.5.2項の演習問題

問 1^{B} ここに質量 M，半径 R の球殻がある。[178] 球殻の質量密度は球対称に分布している。この球殻の中心から z だけ離れた位置に置かれた質量 m の点粒子が受ける重力を求めよ。

問 2^{B} **【重力加速度】** 質量密度が球対称に分布した質量 M，半径 R の球が角速度 Ω で自転している。この球の赤道上の一点に固定された質量 m の物体Xが受ける重力と遠心力について以下の問いに答えよ。[179]

a) $\Omega=0$ のとき，重力 (2.221) と球面上に重力加速度 g を作る力が同じ力ならば，この球の質量 M と半径 R，重力加速度 g の間には，

$$g = \frac{GM}{R^2} \tag{2.230}$$

が成り立つ。これを示せ。

b) z 軸を自転軸とする角速度 Ω の2次元回転座標系（1.5.2項）において，物体Xに働く重力と遠心力の合力を求めよ。

c) $\Omega\neq 0$ のとき，(2.230) は修正を受け，赤道上の重力加速度は

$$g\left(\tfrac{\pi}{2}\right) = \frac{GM}{R^2} - R\Omega^2 \tag{2.231}$$

となる。これを求めよ。

d) Newton定数が (2.222)，地球半径が $R_{\text{地}} \sim 6.37\times 10^6\,[\,\mathrm{m}\,]$，赤道上の重力加速度が $g\left(\frac{\pi}{2}\right) \sim 9.78\,[\,\mathrm{m/\,sec^2}\,]$ であることを利用し，地球の質量 $M_{\text{地}}$ を求めよ。[180]

---

[176] 重ね合わせの原理とは，個々の原因による寄与が和になることである。

[177] 厳密なことは，本書で扱うNewton力学ではなく，重力を記述する一般相対性理論に従うので，本書では重ね合わせの原理 (2.229) が成り立たないような強い重力は扱わない。

[178] 球殻は無限小の厚さを持つ物体なので球面と同義だが，3次元的な物体であることを強調するため，球面ではなく，球殻と表現した。

[179] 問1の結果を踏まえると，全質量が球殻中心に集まっていると考えてよいことがわかる。

[180] 実際の地球は，自転による遠心力のせいで球から形を崩した赤道が膨らんだ形，いわゆる，回転楕円体に近い形，になっている。この効果で赤道上の遠心力はより大きくなる。しかも，地球の質量密度は均一になっていない。それゆえ，この問い以上の精度を知りたいときは，これらの影響を考慮しなければならない。

問 3[B] **【宇宙エレベーター】** 質量密度が球対称に分布した質量 M，半径 R の球が一定の角速度 Ω で自転している。長さが l で単位長さあたりの質量 ρ を持つ紐を，球の赤道から動径方向へまっすぐに伸ばす。すると，この紐は，球に触れることなく，重力と遠心力の釣り合いにより，角速度 Ω の回転座標系において静止した。この紐について以下の問いに答えよ。[*181] ただし，紐の部分間で働く重力は非常に小さく，無視できるものとする。

a)　球中心から r だけ離れた位置における紐の張力 $T(r)$ を求めよ。[*182] また，張力の最大値を求めよ。

b)　紐の長さ l を求めよ。また，このような紐が存在するための条件を求めよ。

c)　球を地球と考えた場合において，紐の長さと地球半径の比 $\frac{l}{R_{地}}$，および，張力の最大値と質量密度の比 $\frac{T}{\rho}$ の数値を求めよ。ただし，重力加速度等の数値は問 2 で使ったものを使用すること。

問 4[B] **【潮汐力】** 2 つの点粒子 A_1 と A_2 が重力によって互いに引き合いながら，z 軸を回転軸にして xy 平面内を一定の角速度 ω で等速円運動している。点粒子 A_1 と A_2 の質量を，それぞれ，M_1 と M_2, その和を $M_{\rm total} = M_1 + M_2$ とし，点粒子 A_1 と A_2 の原点 O からの距離を，それぞれ，r_1 と r_2, 点粒子間の距離を $r := r_1 + r_2$ とする。（図 2.14）これについて以下の問いに答えよ。ただし，b) と c) については，質量 m の点粒子が他の点粒子に及ぼす重力は，$m \ll M_1$，$m \ll M_2$ という理由で無視できるものとし，さらに，$R \ll r$ として $r = \infty$ のまわりで Taylor 展開し，定数を除いたときの $\frac{1}{r}$ の最低次まで求めること。[*183] また，最終結果は重力加速度 $g\left(\frac{\pi}{2}\right) = \frac{GM_2}{R^2} - R\omega^2$ を利用し，簡素化すること。[*184]

a)　回転の半径 r_1 と r_2，および，角速度 ω を，点粒子の質量 M_1, M_2,（または，$M_{\rm total}$），および，点粒子間の距離 r を使って表せ。

b)　2 つの点粒子 A_1 と A_2 が静止する角速度 ω の 3 次元軸回転座標系 (ξ, η, z) を導入し，この回転座標系から見たときのこれら点粒子の座標を，それぞれ，$-r_1 \mathbf{e}_\xi = (-r_1, 0, 0)$，$r_2 \mathbf{e}_\xi = (r_2, 0, 0)$ とおく。次に，質量 m の 2 つの点粒子 $B_\pm$ を 3 次元軸回転座標系の位置 $(r_2 \pm R)\mathbf{e}_\xi = (r_2 \pm R, 0, 0)$ の 2 ヶ所

---

*181 紐の長さが零 $[l = 0]$ の極限は，いわゆる，「静止衛星」である。

*182 球の中心から r だけ離れた位置にある長さ Δr の紐の一部に働く力を考えるとよい。

*183 点粒子 A_1 から受ける重力の最低次の項は $\frac{1}{r^2}$ なのだが，この項は公転の遠心力と打ち消し合うため，最低次の項は次の次数の $\frac{1}{r^3}$ となる。

*184 新たに加えた 4 つの点粒子 $B_\pm$ と $B'_\pm$ は角速度 ω の回転座標系では静止した状態なので，慣性系から見ると角速度 $\Omega = \omega$ の自転をしていることになる。この点を踏まえ，問 2 c) で得た赤道上の重力加速度 $g\left(\frac{\pi}{2}\right)$ (2.231) を利用するのである。

に置く。点粒子 $B_\pm$ が受ける力 $\boldsymbol{F}_\pm$ を求めよ。

c)　b)と同じ設定において，今度は，質量 m の2つの点粒子 $B'_\pm$ を3次元軸回転座標系の位置 $r_2\mathbf{e}_\xi \pm R\mathbf{e}_\eta = (r_2, \pm R, 0)$ の2ヶ所に置く。b)と同様にして，点粒子 $B'_\pm$ が受ける力 $\boldsymbol{F}'_\pm$ を求めよ。

d)　点粒子 A_2 の代わりに大きさを持つ物体 A_2 を置くと，この物体には潮汐作用とよばれる現象が起きる。b)とc)の結果を踏まえ，これについて簡単に述べよ。[*185]

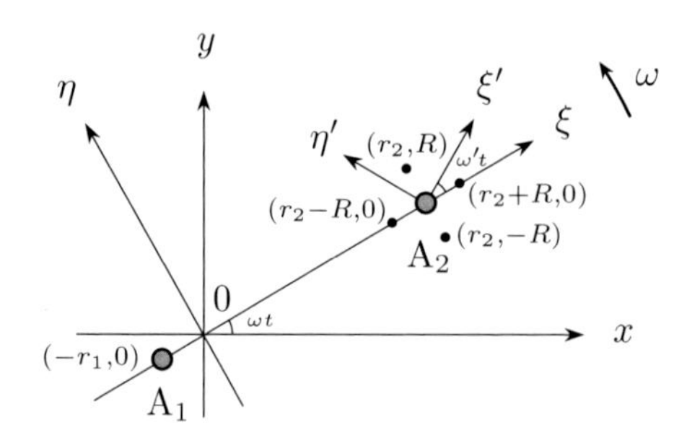

図 2.14　x-y 座標系と ξ-η 回転座標系と ξ'-η' 回転座標系

問 5^{C} **【潮汐力】** 問4と同じ設定において，物体 A_2 が点粒子ではなく球対称な質量密度を持つ半径 R の球で，z' 軸を回転軸に角速度 $\Omega = \omega + \omega'$ で自転しているとし，[*186] この物体に働く潮汐作用を調べてみよう。z' 軸は位置 $r_2\mathbf{e}_\xi$ の点を通り，z 軸に平行な直線である。ここでは簡単のため xy 平面に注目し，物体 A_2 の中心を原点とする2次元回転座標系（1.5.2項）

$$\boldsymbol{\xi}' \;=\; \xi'\mathbf{e}'_\xi + \eta'\mathbf{e}'_\eta \;:=\; \boldsymbol{x} - r_2\mathbf{e}_\xi \tag{2.232}$$

を導入する。ただし，$R \leq |\boldsymbol{\xi}'| \ll r$ とする。$\mathbf{e}'_\xi$ と $\mathbf{e}'_\eta$ は，

$$\begin{aligned}
\mathbf{e}'_\xi &:= \cos(\omega' t)\mathbf{e}_\xi + \sin(\omega' t)\mathbf{e}_\eta = \cos(\Omega t)\mathbf{e}_x + \sin(\Omega t)\mathbf{e}_y \\
\mathbf{e}'_\eta &:= -\sin(\omega' t)\mathbf{e}_\xi + \cos(\omega' t)\mathbf{e}_\eta = -\sin(\Omega t)\mathbf{e}_x + \cos(\Omega t)\mathbf{e}_y
\end{aligned}$$

[*185] 潮汐作用は，働く力の大きさが赤道上の場所ごとで異なるときに起きる。（正確にいうなら，緯度は同じだが経度が異なる場所で，働く力の大きさが異なるときに起きる。）それゆえ，$\boldsymbol{F}_+ = -\boldsymbol{F}_-$ だけでは潮汐作用は起こらず，b)とc)の結果から得られる式 $|\boldsymbol{F}_\pm| < |\boldsymbol{F}'_\pm|$ がポイントになる。

[*186] 自転も公転も慣性系を基準に定義するので，自転の角速度は ω' ではなく，慣性系から見たときの角速度 $\Omega = \omega + \omega'$ である。自転している物体が違う物体のまわりを公転しているという事実を知ったとたんに，自転の角速度を変更することはあってはならないからである。

である。この座標系を利用し，以下の問いに答えよ。ただし，最終的な結果は，ξ'，η'，$\mathbf{e}'_\xi$，$\mathbf{e}'_\eta$ だけでなく，$\boldsymbol{\xi}'$ や $\mathbf{e}_\xi$ を利用し，簡潔な形にすること。

a) 位置 (ξ', η') に置かれた質量 m の点粒子の運動方程式を求めよ。ただし，問4のときと同様，$r = \infty$ のまわりで Taylor 展開し，潮汐作用を引き起こす最低次の項まで求めること。

b) 物体 A_2 の赤道上 $[\,|\boldsymbol{\xi}'| = R\,]$ において，a)で求めた運動方程式の各項の物理的な意味を解釈し，潮汐作用を引き起こす力，「潮汐力」を抜き出せ。

c) b)で得た潮汐力は，物体 A_1 が作る重力の勾配であることを示せ。

d) 一般の外力 $\boldsymbol{F}_{\mathrm{ext}}(\boldsymbol{x})$ によって引き起こされる潮汐力 $\boldsymbol{F}_{\mathrm{tidal}}(\boldsymbol{\xi}')$ の定義を求めよ。

e) a)で求めた運動方程式のポテンシャル $V_{\mathrm{stat}}(\boldsymbol{\xi}')$ を求めよ。

問 6^{C} **【潮汐力】** 問 4, 5 と同じ設定において，潮汐作用に関する以下の問いに答えよ。

a) 干満の海面差を求めよ。ただし，静的な解に限定し，Coriolis 力を無視する。また，月や太陽の影響を受けたときの地球の干満の海面差を求めよ。

b) 潮汐作用の周期を求めよ。[*187] また，潮汐作用に時間変化が起こらない条件を求めよ。

c) 物体 A_2 を弾性体としよう。この場合，物体 A_2 の自転周期と公転周期は，時間が経つにつれ一致するようになる。この理由を述べよ。また，このときの公転の角運動量の変化を述べよ。

d) 自己の重力によって形が保たれている物体 A_2 が，潮汐力によって崩壊するときの r を求めよ。ただし，物体 A_2 は自転しておらず，その質量は物体 A_1 のそれに比べ小さいとする $[\,M_2 \ll M_1\,]$。また，簡単のため，物体 A_2 は変形せずに崩壊すると仮定する。[*188]

2.5.3 Kepler 運動

1つの点粒子が重力 (2.221) による中心力を受けるときの運動を「Kepler 運動」という。この運動の軌道は，(2.218)，すなわち，(2.220) によって求めることが

---

*187 潮汐力 $\boldsymbol{F}_{\mathrm{tidal}}(\boldsymbol{\xi}')$ の第1項は，$\boldsymbol{\xi}'$ に比例するため赤道のどこの地点でも同じ値となり，潮汐作用を起こさない。第2項が潮汐作用を起こす項である。

*188 物体が変形すると自己の重力の大きさも変わる。しかし，ここではこれを無視する。

できる。重力ポテンシャル (2.225) の下で (2.220) は，

$$\mp \frac{\mathrm{d}u}{\sqrt{E+\frac{\bar{\alpha}}{\sqrt{\beta}}u-u^2}} \;=\; \mathrm{d}\varphi \tag{2.233}$$

となる。この式を積分すると，

$$\arccos\frac{u-\frac{\bar{\alpha}}{2\sqrt{\beta}}}{\sqrt{E+(\frac{\bar{\alpha}}{2\sqrt{\beta}})^2}} \;=\; \varphi-\varphi_0 \tag{2.234}$$

となる。φ_0 は積分定数である。よって，

$$u \;=\; \frac{\bar{\alpha}}{2\sqrt{\beta}}+\sqrt{E+\left(\frac{\bar{\alpha}}{2\sqrt{\beta}}\right)^2}\cos(\varphi-\varphi_0) \tag{2.235}$$

となり，(2.219) で導入した u を軌道半径 r に戻すと，最終的な形として，

$$r \;=\; \frac{l}{1+e\cos(\varphi-\varphi_0)} \tag{2.236}$$

を得る。ただし，半直弦 l と離心率 e の定義は

$$l \;:=\; \frac{\boldsymbol{L}^2}{\bar{\alpha}M} \tag{2.237}$$

$$e \;:=\; \sqrt{1+\frac{2lE}{\bar{\alpha}}} \tag{2.238}$$

である。(2.236) より，点粒子は円錐曲線の軌道を描くことがわかる。離心率 e の値から，$E<0$ のときは $e<1$ となって，軌道は楕円を描き，$E=0$ のときは $e=1$ となって，軌道は放物線を描き，$E>0$ のときは $e>1$ となって，軌道は双曲線を描く。[*189]

2.5.3 項の演習問題

問 1[B] (2.233) から (2.236) に至る一連の式について，以下の問いに答えよ。

a) (2.233) の両辺を積分して (2.234) と (2.235) を導け。

---

*189 軌道が原点を焦点とする楕円を描く性質は「Kepler の第 1 法則」とよばれる。

b) (2.233) を書き換えた式

$$\frac{\mathrm{d}u}{\mathrm{d}\varphi} = \mp\sqrt{E + \frac{\bar{\alpha}}{\sqrt{\beta}}u - u^2} \tag{2.239}$$

の両辺を φ について微分し，得られた微分方程式から (2.235) を導け。

c) (2.235) から (2.236) を導け。

問 2^{B} 軌道 (2.236) の点粒子の速度について，以下の問いに答えよ。

a) 円軌道において，点粒子の速度の大きさ $v := |\boldsymbol{v}|$ を軌道半径 r と全質量 M_{total} によって表せ。

b) 放物線軌道において，軌道半径 r が最小になるときの点粒子の速度の大きさ $v := |\boldsymbol{v}|$ を軌道半径 r と全質量 M_{total} によって表せ。

問 3^{C} 「離心ベクトル」[*190]とよばれる物理量

$$\boldsymbol{A} := \boldsymbol{p}\times\boldsymbol{L} - \bar{\alpha}M\mathbf{e}_r \tag{2.240}$$

について以下の問いに答えよ。

a) $\mathbf{e}_r = \frac{\boldsymbol{x}}{|\boldsymbol{x}|}$ の時間微分を実行し，$\dot{\mathbf{e}}_r = -\frac{\boldsymbol{x}\times\boldsymbol{L}}{M|\boldsymbol{x}|^3} = \frac{1}{\bar{\alpha}}\ddot{\boldsymbol{x}}\times\boldsymbol{L}$ を示せ。[*191]

b) 角運動量 $\boldsymbol{L}$ と離心ベクトル $\boldsymbol{A}$ は，どちらも時間に依存しない。これを示せ。

c) 離心ベクトル $\boldsymbol{A}$ は，エネルギー E と角運動量 $\boldsymbol{L}$ と

$$\boldsymbol{L}\cdot\boldsymbol{A} = 0 \qquad \boldsymbol{A}^2 = \bar{\alpha}^2M^2 + 2ME\boldsymbol{L}^2 \tag{2.241}$$

という関係を持つ。[*192] また，ベクトル $\boldsymbol{A}$ の大きさは $|\boldsymbol{A}| = \bar{\alpha}Me$ と表すこともできる。これらの式を示せ。

d) 軌道が楕円を描く場合，ベクトル $\boldsymbol{A}$ の向きは，原点から近点[*193]を見る方向（楕円の長軸の向きとなる）となる。これを示せ。

e) 離心ベクトル $\boldsymbol{A}$ の物理的な役割を論ぜよ。

[*190] Laplace ベクトルとか，Runge-Lenz ベクトルともよばれる。

[*191] $|\boldsymbol{x}|$ の微分は，$\frac{\mathrm{d}}{\mathrm{d}t}|\boldsymbol{x}| = \frac{\mathrm{d}}{\mathrm{d}t}\sqrt{\boldsymbol{x}^2} = \frac{1}{2\sqrt{\boldsymbol{x}^2}}\frac{\mathrm{d}}{\mathrm{d}t}\boldsymbol{x}^2 = \frac{1}{2\sqrt{\boldsymbol{x}^2}}2\boldsymbol{x}\cdot\dot{\boldsymbol{x}} = \frac{\boldsymbol{x}\cdot\dot{\boldsymbol{x}}}{|\boldsymbol{x}|}$ である。

[*192] b) と c) の結果から，離心ベクトルの 3 成分のうちの 1 成分は，エネルギーや角運動量とは独立な保存量になることがわかる。

[*193] 楕円軌道において，$|\boldsymbol{x}|$ が最小になる軌道上の点を「近点」，$|\boldsymbol{x}|$ が最大になる軌道上の点を「遠点」という。これらの点は，軌道 (2.236) では，それぞれ，$\varphi = \varphi_0$，$\varphi = \varphi_0 + \pi$ の点になる。

問 4[B] 長半径をa，短半径をbとする楕円の面積はπabであり，面積速度の大きさは (2.189) より，$\frac{|\boldsymbol{L}|}{2M}$ であるから，軌道の周期Tは，

$$T = \frac{\pi ab}{\frac{|\boldsymbol{L}|}{2M}} \tag{2.242}$$

である。周期Tを長半径aや短半径bによって表し，角運動量$\boldsymbol{L}$に依存しない形にせよ。また，$\bar{\alpha} = GM_{\mathrm{total}}M$ であるから，

$$T^2 = \frac{4\pi^2}{GM_{\mathrm{total}}}\, a^3 \tag{2.243}$$

が成り立つ。[*194] これを示せ。

問 5[C] Keplerの法則にいくつかの仮定を加えると，重力ポテンシャル (2.225) が得られる。これについて，以下の問いに答えよ。

a)　重力は保存力で，そのポテンシャルVは2個の点粒子間に働き，相対座標$\tilde{\boldsymbol{x}}$にのみ依存すると仮定する。そして，Keplerの第1法則が意味する「点粒子の軌道は平面内にある。」を仮定し，さらに，Keplerの第2法則を加えたとき，ポテンシャルVの形はどのような制限を受けるか述べよ。

b)　a)の一連の仮定に加え，ポテンシャルVは相対座標$\tilde{\boldsymbol{x}}$の同次関数であると仮定する。[*195] そしてさらにKeplerの第3法則を加えたとき，ポテンシャルVの形はどのような制限を受けるか述べよ。

c)　ポテンシャルVが地球表面の重力Mgを説明するとしよう。この仮定をa)とb)の一連の仮定に加えることで導かれる結論を述べよ。

d)　2点粒子が重力$V(\tilde{\boldsymbol{x}}) = -\frac{\bar{\alpha}}{|\tilde{\boldsymbol{x}}|}$ (2.226) を及ぼし合うとき，系の相対座標が描く楕円軌道の運動を決定する物理量は，lとeとTである。これを示せ。また，これらの物理量は換算質量Mに依存しないことを示し，全質量M_{total}の依存性について議論せよ。

e)　太陽系の惑星の運動がKeplerの第1～3法則に従うことについて議論せよ。[*196]

問 6[B] 月の公転周期$T \sim 27.3$ [日]，月の公転軌道の長半径$a \sim 3.844 \times 10^8$ [m]，および，2.5.2項問2の結果を利用し，月の質量$M_{月}$を求めよ。

[*194] (2.243) は「Keplerの第3法則」である。

[*195] 同次関数の定義，および，その性質については2.3.5項を参照せよ。

[*196] 個々の惑星の運動がKeplerの法則に従うことに注目しよう。

第3章

調和振動

同じ運動を周期的に繰り返す現象を「振動」という。この章では数ある振動の中でも最も基本的な振動である「調和振動」を議論する。

3.1 調和振動子の系

調和振動子はほとんどの微小振動に現れる運動で，しかも，その運動方程式は簡単な線形微分方程式になる。それゆえ，調和振動子は，さまざまな物理現象において重要な系になる。本節では，調和振動子の定義を与え，その基本的な性質を説明する。

3.1.1 調和振動子とは

質量 M の1個の点粒子が，ある決まった位置からの距離に比例した力を受けて1次元空間内を運動する系を考えよう。この系のNewtonの運動方程式 (2.122) は，時刻 t の点粒子の位置を $x(t)\in\mathbb{R}$ とすると，

$$M\ddot{x}(t) \;=\; -k\bigl(x(t)-\tilde{x}\bigr) \qquad [\,k>0\,] \tag{3.1}$$

となる。右辺の $F\bigl(x(t)\bigr) := -k\bigl(x(t)-\tilde{x}\bigr)$ は，ある決まった位置 $\tilde{x}$ からの距離に比例する力で，k は正の定数,[*1] $\tilde{x}$ は実定数である。

ここで，座標系

$$q(t) \;:=\; x(t)-\tilde{x} \tag{3.2}$$

[*1] k が負の定数のときは，位置 $\tilde{x}$ から離れようとする力になり，振動にならない。この章は振動の理解が目的なので，このような力は扱わない。

を導入しよう。これは位置の原点を $\tilde{x}$ にする座標系である。すると，Newtonの運動方程式 (3.1) は，

$$M\ddot{q}(t) = -kq(t) \qquad [k>0] \tag{3.3}$$

となる。このような運動方程式に従う系を「調和振動子」，または，「調和振動子の系」という。(3.3) の力は，(2.131) と同じく，

$$F = -kq = -\frac{\mathrm{d}}{\mathrm{d}q}V(q) \tag{3.4}$$

ただし，

$$V(q) = \frac{k}{2}q^2 \tag{3.5}$$

と表すことができるので，保存力になり，(3.3) 自体は，ポテンシャルが (3.5) のときのNewtonの運動方程式

$$M\ddot{q} = -\frac{\mathrm{d}}{\mathrm{d}q}V(q) \tag{3.6}$$

になる。

ところで，運動方程式 (3.3) は，

$$\ddot{q}(t) = -\omega^2 q(t) \tag{3.7}$$

と書き換えられる。ただし，ω は

$$\omega := \sqrt{\frac{k}{M}} > 0 \tag{3.8}$$

と定義される定数で，「角振動数」という。[*2] この運動方程式の一般解は，

$$q(t) = A\sin\varphi(t) \qquad \varphi(t) := \omega t + \varphi_0 \tag{3.9}$$

である。ただし，A と φ_0 はどちらも実定数で，A を「振幅」，φ_0 を「位相」といい，この振動を「調和振動」，または，「単振動」という。この系は，時刻が

$$T := \frac{2\pi}{\omega} \tag{3.10}$$

[*2] 角振動数を 2π で割った $\nu = \frac{\omega}{2\pi}$ を「振動数」という。

だけ経過すると，元の状態に戻り，点粒子は周期的な運動をする。[*3] この T (3.10) が調和振動の「周期」である。調和振動子が持つエネルギーは，(2.133) に (3.9) を代入することで得られて，

$$E \;:=\; \frac{M}{2}\dot{q}^2 + \frac{k}{2}q^2 \;=\; \frac{k}{2}A^2 \tag{3.11}$$

となる。

2次元調和振動子は，1次元調和振動子を2つ集めたもので，Newtonの運動方程式は，

$$\begin{aligned} M\ddot{q}_x &= -k_x q_x \qquad [\,k_x > 0\,] \\ M\ddot{q}_y &= -k_y q_y \qquad [\,k_y > 0\,] \end{aligned} \tag{3.12}$$

である。この運動方程式は，(2.131) と同じ形，

$$M\begin{pmatrix}\ddot{q}_x \\ \ddot{q}_y\end{pmatrix} = \begin{pmatrix}M\ddot{q}_x \\ M\ddot{q}_y\end{pmatrix} = \begin{pmatrix}-k_x q_x \\ -k_y q_y\end{pmatrix} = -\begin{pmatrix}\frac{\partial}{\partial q_x} \\ \frac{\partial}{\partial q_y}\end{pmatrix} V(q_x, q_y) \tag{3.13}$$

ただし，

$$V(q_x, q_y) \;=\; \frac{k_x}{2}q_x^2 + \frac{k_y}{2}q_y^2 \tag{3.14}$$

と表すことができて，力は保存力になる。特に，$k := k_x = k_y$ のとき，ポテンシャル (3.14) は

$$V(r) \;=\; \frac{k}{2}q_x^2 + \frac{k}{2}q_y^2 \;=\; \frac{k}{2}r^2 \qquad [\,r := |\boldsymbol{q}|\,] \tag{3.15}$$

となり，等方的になる。これを「2次元等方調和振動子」という。

d 次元調和振動子は，1次元調和振動子を d 個集めたもので，Newtonの運動方程式は，

$$M\ddot{q}_i \;=\; -k_i q_i \qquad [\,k_i > 0\,;\, i = 1,\, 2,\, \ldots,\, d\,] \tag{3.16}$$

である。この運動方程式は，(2.131) と同じ形，

$$M\begin{pmatrix}\ddot{q}_1 \\ \ddot{q}_2 \\ \vdots \\ \ddot{q}_d\end{pmatrix} = \begin{pmatrix}M\ddot{q}_1 \\ M\ddot{q}_2 \\ \vdots \\ M\ddot{q}_d\end{pmatrix} = \begin{pmatrix}-k_1 q_1 \\ -k_2 q_2 \\ \vdots \\ -k_d q_d\end{pmatrix} = -\begin{pmatrix}\frac{\partial}{\partial q_1} \\ \frac{\partial}{\partial q_2} \\ \vdots \\ \frac{\partial}{\partial q_d}\end{pmatrix} V(q_1, q_2, \ldots, q_d) \tag{3.17}$$

[*3] この事実から，調和振動は「振動」の一種であることがわかる。

ただし，

$$V(q_1, q_2, \ldots, q_d) \ = \ \sum_{i=1}^{d} \frac{k_i}{2} q_i^2 \tag{3.18}$$

と表すことができて，力は保存力になる。特に，$k := k_1 = k_2 = \ldots = k_d$ のとき，ポテンシャル (3.18) は

$$V(r) \ = \ \frac{k}{2} r^2 \qquad [\, r := |\boldsymbol{q}|\,] \tag{3.19}$$

となり，等方的になる。これを「d 次元等方調和振動子」という。

このように，2次元以上の調和振動子，いわゆる，高次元調和振動子は，複数の1次元調和振動子を持つ系と等価になるので，これ以上述べることは特にない。1次元調和振動子の解を並べて書くだけでよいからである。ただし，ポテンシャルが等方的になる等方調和振動子の場合は，対称性という観点から動径方向や角度方向の運動を理解することは意味がある。[*4]

3.1.1項の演習問題

問 1[A]　運動方程式 (3.7) の解 (3.9) について，以下の問いに答えよ。

a)　運動方程式 (3.7) の解は (3.9) である。これを確認せよ。

b)　解 (3.9) は，時間が T (3.10) だけ経過すると，最初の状態に初めて戻る。これを確認せよ。[*5]

c)　次の解も運動方程式 (3.7) の解である。

$$q(t) \ = \ A_{\rm s} \sin\varphi(t) \ + \ A_{\rm c} \cos\varphi(t) \qquad \varphi(t) \ := \ \omega t \tag{3.20}$$

これを確認し，この解と解 (3.9) の関係を調べよ。

問 2[A]　運動方程式 (3.3) において k の値を $k<0$ へ変更したときの解について，以下の問いに答えよ。

a)　(3.3) において，k の値を $k<0$ へ変更したときの解を求めよ。

b)　$k>0$ のときと $k<0$ のときの解の違いについて簡単に説明せよ。

問 3[A]　2次元調和振動子の解，および，エネルギーを求めよ。

[*4] ただし，こちらについてはそれほど自明ではない。

[*5] $q(t_0) = q(t_0+T)$ と $\dot{q}(t_0) = \dot{q}(t_0+T)$ を確認し，さらに，この一致が $t = t_0$ から出発して，初めての一致であることを確認すればよい。

問 4[B] 2次元等方調和振動子の軌道は楕円，または，線分を描く。これを示せ。

問 5[B] 3次元等方調和振動子の軌道は平面内に存在し，楕円，または，線分を描く。これを示せ。[*6] また，この軌道を球座標表示の形で求めよ。

3.2 いろいろな振動

調和振動子の運動方程式 (3.3) は，(3.7)，そして，

$$\left(\frac{\mathrm{d}^2}{\mathrm{d}t^2} + \omega^2\right)q(t) \;=\; 0 \tag{3.21}$$

と書き換えられる。同様にして，d 次元調和振動子の運動方程式 (3.16) は，

$$\ddot{q}_i \;=\; -\,\omega_i^2 q_i \qquad \left[\,\omega_i := \sqrt{\tfrac{k_i}{M}} > 0\,;\; i{=}1,\,2,\,\ldots,\,d\,\right] \tag{3.22}$$

そして，

$$\left(\mathbb{I}\,\frac{\mathrm{d}^2}{\mathrm{d}t^2} + \mathbb{G}_0\right)\!\cdot\!\boldsymbol{q}(t) \;=\; \boldsymbol{0} \tag{3.23}$$

と書き換えられる。ただし，$\mathbb{I}$ は d 次正方行列の単位行列，$\mathbb{G}_0$ は d 次元実対角行列

$$\mathbb{G}_0 := \begin{pmatrix} \omega_1^2 & 0 & \cdots & 0 & 0 \\ 0 & \omega_2^2 & \cdots & 0 & 0 \\ \vdots & \vdots & \ddots & \vdots & \vdots \\ 0 & 0 & \cdots & \omega_{d-1}^2 & 0 \\ 0 & 0 & \cdots & 0 & \omega_d^2 \end{pmatrix} \tag{3.24}$$

$\boldsymbol{q}(t)$ は d 次元実ベクトルである。以上の点を踏まえ，本節では，調和振動を少し変更した振動を調べよう。

3.2.1 複素化による解析

d 次元ベクトル空間の位置 $\boldsymbol{q}(t)$ が満たす運動方程式を，微分方程式 (3.23) を拡張した2階の一般的な線形微分方程式

$$\left(\mathbb{I}\,\frac{\mathrm{d}^2}{\mathrm{d}t^2} + \mathbb{G}_1(t)\frac{\mathrm{d}}{\mathrm{d}t} + \mathbb{G}_0(t)\right)\!\cdot\!\boldsymbol{q}(t) \;=\; \boldsymbol{f}(t) \tag{3.25}$$

[*6] 問 4 との関係にも言及しよう。

とする。ただし，$\mathbb{I}$ は d 次正方行列の単位行列，$\mathbb{G}_0(t)$ と $\mathbb{G}_1(t)$ はどちらも d 次実正方行列，$\boldsymbol{f}(t)$ は d 次元実ベクトルである。

ここで，この微分方程式を複製し，新たな微分方程式

$$\left(\mathbb{I}\frac{\mathrm{d}^2}{\mathrm{d}t^2} + \mathbb{G}_1(t)\frac{\mathrm{d}}{\mathrm{d}t} + \mathbb{G}_0(t)\right)\cdot\boldsymbol{q}'(t) = \boldsymbol{f}'(t) \tag{3.26}$$

を導入しよう。(3.25) に (3.26) の i 倍を加えると，

$$\left(\mathbb{I}\frac{\mathrm{d}^2}{\mathrm{d}t^2} + \mathbb{G}_1(t)\frac{\mathrm{d}}{\mathrm{d}t} + \mathbb{G}_0(t)\right)\cdot\big(\boldsymbol{q}(t) + i\boldsymbol{q}'(t)\big) = \boldsymbol{f}(t) + i\boldsymbol{f}'(t)$$

となるが，ここで，

$$\boldsymbol{q}(t) + i\boldsymbol{q}'(t) \ \rightarrow\ \boldsymbol{q}(t) \tag{3.27}$$

と置き換えると，形式的には (3.25) とよく似た微分方程式

$$\left(\mathbb{I}\frac{\mathrm{d}^2}{\mathrm{d}t^2} + \mathbb{G}_1(t)\frac{\mathrm{d}}{\mathrm{d}t} + \mathbb{G}_0(t)\right)\cdot\boldsymbol{q}(t) = \boldsymbol{f}(t) + i\boldsymbol{f}'(t) \tag{3.28}$$

を得る。微分方程式 (3.28) は，微分方程式 (3.25) の実ベクトル $\boldsymbol{q}(t)$ を複素ベクトル $\boldsymbol{q}(t)$ へ拡張した微分方程式で，$\boldsymbol{q}(t)$ の実部 $\Re\mathrm{e}\,\boldsymbol{q}(t)$ と虚部 $\Im\mathrm{m}\,\boldsymbol{q}(t)$ は，それぞれ，実ベクトル $\boldsymbol{q}(t)$ と $\boldsymbol{q}'(t)$ の微分方程式 (3.25) と (3.26) となる。この作業を「複素化」という。

たとえば，調和振動子の微分方程式 (3.21) を複素化すると，複素化した微分方程式は，形式的には変更がなく，(3.21) のまま変わらない。しかし，微分方程式 (3.21) は複素数に拡張されたので，微分演算子の部分を因数分解することができて，

$$\left(\frac{\mathrm{d}}{\mathrm{d}t} - i\omega\right)\left(\frac{\mathrm{d}}{\mathrm{d}t} + i\omega\right)q(t) = \left(\frac{\mathrm{d}}{\mathrm{d}t} + i\omega\right)\left(\frac{\mathrm{d}}{\mathrm{d}t} - i\omega\right)q(t) = 0 \tag{3.29}$$

となる。この微分方程式は2階の斉次線形微分方程式なので，2個の独立な解が存在し，$\omega\neq-\omega$，つまり，$\omega\neq0$ のときは，

$$q(t) = A_+\mathrm{e}^{i\omega t} + A_-\mathrm{e}^{-i\omega t} \tag{3.30}$$

となる。A_+ と A_- はどちらも複素数で，絶対値 $|A_+|$ と $|A_-|$ は振幅を，偏角 $\arg A_+$ と $\arg A_-$ は位相を表す。[*7] (3.30) は，Euler の公式を利用すると，

$$q(t) = A_\mathrm{c}\cos(\omega t) + A_\mathrm{s}\sin(\omega t) \tag{3.31}$$

[*7] A_+ と A_- は振幅と位相の両方をまとめたもので，本書では，「振幅·位相」とよぶことにする。

となって，(3.31) の実部と虚部はどちらも (3.9) となる。

3.2.1 項の演習問題

問 1[B] (3.21) は $q(t)$ の値が実数でも複素数でも意味を成すが，(3.29) は $q(t)$ の値が実数では意味を成さず，複素数で意味を成す。これを説明せよ。

問 2[C] 調和振動子の微分方程式 (3.7) の位置 $q(t)$ を実数から複素数へ拡張したときの微分方程式の解 (3.30) について，以下の問いに答えよ。[*8]

a) (3.30) から (3.9)，または，(3.20) を求めよ。

b) k の値を $k<0$ へ変更したときの解を (3.30) から求めよ。[*9]

3.2.2 減衰振動

調和振動子の運動方程式 (3.3) に $\dot{q}(t)$ に比例した力を加えた Newton の運動方程式

$$M\ddot{q}(t) \;=\; -\,kq(t) \,-\, \lambda\dot{q}(t) \qquad [\,k>0,\ \lambda>0\,] \tag{3.32}$$

を考えよう。[*10] 運動方程式 (3.32) は，

$$\left(\frac{\mathrm{d}^2}{\mathrm{d}t^2} + \frac{\lambda}{M}\frac{\mathrm{d}}{\mathrm{d}t} + \frac{k}{M}\right)q(t) \;=\; 0 \tag{3.33}$$

と変形し，

$$\omega_0 \;:=\; \sqrt{\frac{k}{M}} \qquad \gamma \;:=\; \frac{\lambda}{2\omega_0 M} \qquad [\,\omega_0>0,\ \gamma>0\,] \tag{3.34}$$

とおくと，

$$\left(\frac{\mathrm{d}^2}{\mathrm{d}t^2} + 2\gamma\omega_0\frac{\mathrm{d}}{\mathrm{d}t} + \omega_0^2\right)q(t) \;=\; 0 \tag{3.35}$$

と書き換えられる。

ここで，微分方程式 (3.35) を複素化しよう。すると，この場合の複素化した微分方程式は，微分方程式 (3.21) のときと同様，形式的には変更がなく，(3.35)

---

*8 $A_+ = R_+\mathrm{e}^{i\varphi_+}$, $A_- = R_-\mathrm{e}^{i\varphi_-}$ とするとよい。

*9 $k<0$ へ変更したときの解については，3.1.1 項の問 2 を参照せよ。

*10 λ が負の定数のときは，速度零 $\dot{x}=0$ から離れようとする力になり，振動にならない。k を正としたときと同様，この章は振動の理解が目的なので，このような力は扱わない。

のまま変わらない。しかし，微分方程式 (3.35) は複素数に拡張されたので，微分演算子の部分を因数分解することができて，

$$\left(\frac{\mathrm{d}}{\mathrm{d}t} - \varrho_+\right)\left(\frac{\mathrm{d}}{\mathrm{d}t} - \varrho_-\right)q(t) \;=\; \left(\frac{\mathrm{d}}{\mathrm{d}t} - \varrho_-\right)\left(\frac{\mathrm{d}}{\mathrm{d}t} - \varrho_+\right)q(t) \;=\; 0 \tag{3.36}$$

ただし，

$$\varrho_\pm := \left(-\gamma \pm \sqrt{\gamma^2 - 1}\,\right)\omega_0 \tag{3.37}$$

となる。この微分方程式は2階の斉次線形微分方程式なので，2個の独立な解が存在し，$\varrho_+ \neq \varrho_-$，つまり，$\gamma \neq 1$ のときは，

$$q(t) \;=\; A_+ \mathrm{e}^{\varrho_+ t} + A_- \mathrm{e}^{\varrho_- t} \tag{3.38}$$

となる。$A_\pm$ はどちらも複素数である。

最後に，解 (3.38) の性質について考えよう。${\varrho_\pm}^{(3.37)}$ は一般に複素数になるので，[*11] これを実部 $\Re\mathrm{e}\,\varrho_\pm$ と虚部 $\Im\mathrm{m}\,\varrho_\pm$ に分けると，(3.38) は

$$q(t) \;=\; A_+ \mathrm{e}^{\Re\mathrm{e}\,\varrho_+ t}\mathrm{e}^{i\Im\mathrm{m}\,\varrho_+ t} + A_- \mathrm{e}^{\Re\mathrm{e}\,\varrho_- t}\mathrm{e}^{i\Im\mathrm{m}\,\varrho_- t} \tag{3.39}$$

となる。(3.39) の右辺に現れる $\mathrm{e}^{\Re\mathrm{e}\,\varrho_\pm t}$ は $\varrho_\pm$ の実部が負ならば指数関数的な減衰を与え，$\mathrm{e}^{i\Im\mathrm{m}\,\varrho_\pm t}$ は $\varrho_\pm$ の虚部が非零ならば振動を与える。したがって，γ の値が

$$0 < \gamma < 1 \tag{3.40}$$

のときは，${\varrho_\pm}^{(3.37)}$ は，

$$\varrho_\pm \;=\; \left(-\gamma \pm i\sqrt{1-\gamma^2}\,\right)\omega_0 \tag{3.41}$$

と書き換えると，どちらも $\Re\mathrm{e}\,\varrho_\pm = -\gamma\omega_0 < 0$，$\Im\mathrm{m}\,\varrho_\pm = \pm\sqrt{1-\gamma^2}\,\omega_0 \neq 0$ となるので，$q(t)$ は $\mathrm{e}^{i\Im\mathrm{m}\,\varrho_\pm t}$ によって正弦関数的に振動しながら $\mathrm{e}^{\Re\mathrm{e}\,\varrho_\pm t}$ によって指数関数的に減衰してゆくことがわかる。一方，

$$\gamma \geq 1 \tag{3.42}$$

のときは，${\varrho_\pm}^{(3.37)}$ はどちらも $\Re\mathrm{e}\,\varrho_\pm < 0$，$\Im\mathrm{m}\,\varrho_\pm = 0$ となるので，$q(t)$ は $\mathrm{e}^{\Re\mathrm{e}\,\varrho_\pm t}$ によって指数関数的に減衰してゆくことがわかる。ただし，$\gamma = 1$ のときは，(3.38) の解は1個になり，この解の他に $t\mathrm{e}^{-\omega_0 t}$ に比例する解が現れ，

$$q(t) \;=\; (A + Bt)\mathrm{e}^{-\omega_0 t} \tag{3.43}$$

[*11] 全ての実数 γ に対して $\Re\mathrm{e}\,\varrho_\pm < 0$ となることにも注目されたい。

となる。A と B は積分定数である。A と B に比例する項は，いずれも指数関数的に減衰し，$q(t)$ も同様に減衰する。運動方程式 (3.32) の $-\lambda\dot{q}(t)$ は，$-kq(t)$ とは異なり，点粒子の運動を減衰させる力なのである。

3.2.2 項の演習問題

問 1^{B} 運動方程式 (3.32) に従う系のエネルギーが時間経過に対して単調減少することを示せ。*12

3.2.3 強制振動

調和振動子の運動方程式 (3.3) に外力

$$F(t) \ := \ F_* \sin(\omega_* t + \varphi_*) \tag{3.44}$$

を加えた Newton の運動方程式

$$M\ddot{q}(t) \ = \ -kq(t) + F(t) \qquad [\,k > 0\,] \tag{3.45}$$

を考えよう。*13 運動方程式 (3.45) は，

$$\left(\frac{\mathrm{d}^2}{\mathrm{d}t^2} + \frac{k}{M}\right)q(t) \ = \ \frac{F(t)}{M} \tag{3.46}$$

と変形し，

$$\omega_0 \ := \ \sqrt{\frac{k}{M}} \qquad f_* \ := \ \frac{F_*}{M} \qquad [\,\omega_0 > 0\,] \tag{3.47}$$

とおくと，

$$\left(\frac{\mathrm{d}^2}{\mathrm{d}t^2} + \omega_0^2\right)q(t) \ = \ f_* \sin(\omega_* t + \varphi_*) \tag{3.48}$$

と書き換えられる。

ここで，微分方程式 (3.48) を複素化しよう。すると，この場合の複素化した微分方程式は，

$$\left(\frac{\mathrm{d}^2}{\mathrm{d}t^2} + \omega_0^2\right)q(t) \ = \ f_* \mathrm{e}^{i(\omega_* t + \varphi_*)} \tag{3.49}$$

---

*12 何を系のエネルギーにするかが鍵になる。

*13 (3.45) は起動因子が時刻 t に陽に依存する運動方程式である。

となる。(3.49) の虚部を取ると (3.48) が得られるからである。[*14]

微分方程式 (3.49) の解は

$$q(t) \;=\; A_{+}\mathrm{e}^{i\omega_0 t} + A_{-}\mathrm{e}^{-i\omega_0 t} + \frac{f_* \mathrm{e}^{i(\omega_* t + \varphi_*)}}{\omega_0^2 - \omega_*^2} \tag{3.51}$$

そして，その虚部，つまり，微分方程式 (3.48) の解は，

$$q(t) \;=\; A\sin(\omega_0 t + \varphi_0) + \frac{f_*}{\omega_0^2 - \omega_*^2}\sin(\omega_* t + \varphi_*) \tag{3.52}$$

となる。[*15] この結果から，点粒子の角振動数 ω_0 にほぼ近い値の角振動数 ω_* を持つ外力を与えると，点粒子は激しく振動することがわかる。この現象を「共鳴」という。

3.2.3 項の演習問題

問 1[B] 外力 (3.44) の角振動数 ω_* が点粒子の角振動数 ω_0 に等しいときとほぼ近いとき，点粒子はどのような運動をするか調べよ。[*16] ただし，$\varphi_* = 0$ とする。[*17]

問 2[B] 減衰振動をする運動方程式 (3.32) に外力 (3.44) が働くときの運動方程式

$$M\ddot{x} \;=\; -\lambda\dot{x} - kx + F(t) \qquad [\,\lambda > 0,\, k > 0\,] \tag{3.53}$$

の解を求めよ。ただし，$\varphi_* = 0$ とする。また，共鳴が起きることを確認せよ。

問 3[C] 運動方程式 (3.53) に従う系のエネルギーについて，以下の問いに答えよ。

a) エネルギーの時間変化を求めよ。ただし，外力 $F(t)$ は時刻 t の任意関数とする。

b) 時間が十分経過したときのエネルギーの 1 周期の時間変化を調べよ。ただし，外力 $F(t)$ は (3.44) とする。

---

*14 (3.49) の代わりに

$$\left(\frac{\mathrm{d}^2}{\mathrm{d}t^2} + \omega_0^2\right) q(t) \;=\; -i f_* \mathrm{e}^{i(\omega_* t + \varphi_*)} \tag{3.50}$$

としてもよい。ただし，この場合は，(3.50) の実部を取ることで (3.48) が得られる。

*15 たとえば，$A_+ = A\mathrm{e}^{i\varphi_0}$，$A_- = 0$ とおいてから，(3.51) の虚部を取る。

*16 $\omega_* = \omega_0 + \alpha$ とおくとよい。

*17 φ_* の値を決めることは，時間の基準を決めることに等しい。

第 4 章

剛体の力学

この章では「剛体」の運動を議論する。剛体は，連続体の一種で，大きさを持ち，かつ，変形しない物体，つまり，「任意の 2 点間の距離が不変な物体」で，ある種の理想的な物体である。[*1] したがって，剛体を構成する点粒子 n の位置を $\boldsymbol{x}^{(n)}(t)\,[\,n=1,\,2,\,\ldots\,]$ と表すと，任意の 2 点間の距離が不変なので，任意の点粒子 n と $n^{\star}$ に対し，

$$\frac{\mathrm{d}}{\mathrm{d}t}\big(\boldsymbol{x}^{(n)} - \boldsymbol{x}^{(n^{\star})}\big)^2 = 0 \tag{4.1}$$

が成り立つ。[*2] ところで，仮定 (1.1) によれば，連続体は点粒子の集合なので，ある限定された空間の中を運動する（連続体である）剛体は系になる。しかし，剛体が存在する系は，質量が零の剛体である (2.118) の物体が存在する系と同じ理由で，Newton 力学では矛盾を起こすことなく時間発展が可能だが，相対性理論では矛盾を起こす。[*3] それゆえ，この章で扱う剛体の力学は，今までの章で扱ってきた Newton 力学に限定される。

4.1 重心と慣性モーメント

本節では，剛体の力学の中で最も重要な概念である「重心」と「慣性モーメント」を中心に剛体の力学を説明しよう。簡単のため，剛体の数は 1 つとするが，剛体同士の衝突がなければ，複数個のときも同様である。

[*1] 物理的に理想の物体という理由ではなく，むしろ，遠隔力が瞬時に伝わる Newton 力学において，数学的な扱いが単純になる物体という理由で導入された仮定である。

[*2] この章では，原則，時刻 t の依存性，たとえば，$\boldsymbol{x}^{(n)}(t)$ の (t) は省略する。

[*3] 相対性理論で剛体が存在すると，光速度よりも早く情報が伝達するため，情報が光の速さを超えて伝わることがない相対性理論では矛盾を起こす。

4.1.1　運動量と重心

最初に，剛体の運動量 $\boldsymbol{P}$ を考えよう。仮定 (1.1) に従えば，剛体は点粒子の集合で，ある限定された時間と空間の中で系になる。したがって，剛体の運動量 $\boldsymbol{P}$ は，点粒子の運動量の総和 (2.37)，すなわち，

$$\boldsymbol{P} = \sum_n \boldsymbol{p}^{(n)} \qquad \text{ただし，} \ \boldsymbol{p}^{(n)} = M_n \dot{\boldsymbol{x}}^{(n)} \tag{4.2}$$

と考えられる。ここで，

$$\boldsymbol{X} := \frac{\sum_n M_n \boldsymbol{x}^{(n)}}{M} \qquad M := \sum_n M_n \tag{4.3}$$

と定義される位置 $\boldsymbol{X}$ と質量 M を考えよう。位置 $\boldsymbol{X}$ は (2.102) と同じ定義で，「重心」とよばれる剛体特有の物理量である。M は剛体の質量である。すると，(4.2) は，

$$\boldsymbol{P} = M\dot{\boldsymbol{X}} \tag{4.4}$$

と書き換えられて，点粒子の運動量 (2.33) と形式的に同じ形になる。重心を利用し，運動量という物理量だけを見るなら，剛体は $\boldsymbol{X}$ に位置する質量 M の点粒子に見えるのである。

重心は，次のような都合のよい性質を持つ。点粒子の集合をいくつかの部分集合 $S^{(a)}\,[\,a=1,\,2,\,\ldots\,]$ に分け，これら部分集合それぞれを1つの剛体とみなそう。すると，それぞれの剛体の運動量は

$$\boldsymbol{P}^{(a)} = \sum_{n\in S^{(a)}} \boldsymbol{p}^{(n)} \tag{4.5}$$

となり，系全体の運動量 $\boldsymbol{P}$ と

$$\boldsymbol{P} = \sum_a \boldsymbol{P}^{(a)} \tag{4.6}$$

という関係にある。ここで，(4.3) と同様にして，それぞれの剛体の位置をその剛体の重心としよう。つまり，

$$\boldsymbol{X}^{(a)} := \frac{\sum_{n\in S^{(a)}} M_n \boldsymbol{x}^{(n)}}{M_a} \qquad M_a := \sum_{n\in S^{(a)}} M_n \tag{4.7}$$

とするのである。すると，(4.5) は，

$$\boldsymbol{P}^{(a)} = M_a \dot{\boldsymbol{X}}^{(a)} \tag{4.8}$$

と書き換えられ，さらに，

$$\boldsymbol{X} = \frac{\sum_a M_a \boldsymbol{X}^{(a)}}{M} \qquad M = \sum_a M_a \tag{4.9}$$

が成り立つ。質量や運動量の視点からだけでなく，重心の視点からも，1つの部分集合となる剛体は1個の点粒子とみなすことができるのである。

最後に，剛体から見たときの重心の位置 $\boldsymbol{X}$ が空間並進と空間回転の下でどのように変化するか調べてみよう。[*4] 剛体を構成する点粒子は，多粒子系の空間並進$^{(1.71)}$ $\boldsymbol{x}^{(n)} \longmapsto \boldsymbol{x}^{(n)\prime} := \boldsymbol{x}^{(n)} + \boldsymbol{x}_0$ と空間回転$^{(1.72)}$ $\boldsymbol{x}^{(n)} \longmapsto \boldsymbol{x}^{(n)\prime} := \mathbb{P}\cdot\boldsymbol{x}^{(n)}$ に従う。これらの変換の下で，重心の位置 $\boldsymbol{X}$ (4.3) はその定義を変えずに変換後の位置も $\boldsymbol{X}' := \frac{\sum_n M_n \boldsymbol{x}^{(n)\prime}}{M}$ となるなら，重心の位置 $\boldsymbol{X}$ の空間並進と空間回転は

$$\boldsymbol{X} \longmapsto \boldsymbol{X'} = \boldsymbol{X} + \boldsymbol{x}_0 \qquad \boldsymbol{X} \longmapsto \boldsymbol{X'} = \mathbb{P}\cdot\boldsymbol{X} \tag{4.10}$$

と変化し，点粒子の空間並進と空間回転と全く同じ形になる。したがって，剛体から見たときの重心の位置 $\boldsymbol{X}$ は空間並進と空間回転の下で変化しないことになり，剛体の重心の位置が剛体固有であることがわかる。

4.1.1 項の演習問題

問 1^{B} 長さ l の棒の重心を求めよ。ただし，質量の密度分布は均一とする。さらに，この棒の片端に質量 M' の質点を取り付ける。質点を取り付ける前の棒の質量を M としたとき，質点を取り付けた後の棒の重心を求めよ。

問 2^{B} 長さ l の棒が2本ある。これらの棒の片端同士を直角に繋げて作られる物体の重心を求めよ。ただし，質量の密度分布は均一とする。

問 3^{B} 半径 R の円盤の重心を求めよ。ただし，質量の密度分布は均一とする。

問 4^{B} 半径 R の半円盤の重心を求めよ。ただし，質量の密度分布は均一とする。

問 5^{B} 半径 R の半円盤から半径 $R_0 (< R)$ の半円盤を2つの半円盤の中心が一致するように取り除いて作られる剛体の重心を求めよ。ただし，質量の密度分布は均一とする。

---

*4 もし変化するなら，「重心の位置は座標系に依存し，剛体固有の位置ではない。」となる。

問 6[B] 空間並進 (1.71) と空間回転 (1.72) の下で，剛体の重心の位置 $\boldsymbol{X}$ は (4.10) と変換する。これを示せ。

問 7[A] 一様重力場中に2つの壁が鉛直に立っており，壁同士は直角に交わっている。ここで図4.1のように質量 M，長さ l の棒が水平な状態で，かつ，左右の壁に45度の角度で壁に接触している。棒の重心は棒の中央にある。棒が静止摩擦を利用して下へ落ちないように壁に張り付くための条件を調べよ。ただし，棒と壁の接触面の最大静止摩擦係数を μ_{s} とする。

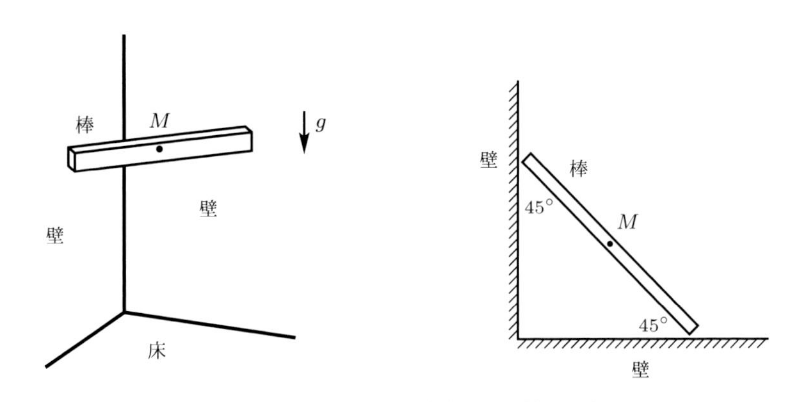

図 4.1　90度に交わる2枚の壁に張り付く棒（左図は棒を左斜め上から見た図で，右図は棒を真上から見た図。棒の中心の黒丸は重心。鉛直下向きの重力が存在する。）

4.1.2　運動エネルギーと慣性モーメント

次に，剛体の運動エネルギー E を考えよう。仮定 (1.1) に従えば，剛体は点粒子の集合で，ある限定された時間と空間の中で系になる。したがって，剛体の運動エネルギーは，点粒子の運動エネルギーの総和 (2.65)，すなわち，

$$E = \sum_n E^{(n)} \qquad ただし，\; E^{(n)} = \frac{M_n}{2}(\dot{\boldsymbol{x}}^{(n)})^2 \tag{4.11}$$

である。ここで，(4.3) で定義された重心の位置 $\boldsymbol{X}$ を利用し，$\boldsymbol{x}^{(n)}$ の代わりに

$$\boldsymbol{\xi}^{(n)} := \boldsymbol{x}^{(n)} - \boldsymbol{X} \tag{4.12}$$

を導入しよう。剛体各点の位置 $\boldsymbol{x}^{(n)}$ を

$$\boldsymbol{x}^{(n)} = \boldsymbol{X} + \boldsymbol{\xi}^{(n)} \tag{4.13}$$

と表すのである。$\boldsymbol{\xi}^{(n)}$ は剛体の重心を原点とする位置である。$\boldsymbol{x}^{(n)}$ の代わりに $\boldsymbol{\xi}^{(n)}$ (4.12) を使って運動エネルギー (4.11) を書き換えると，

$$\begin{aligned} E &= \frac{1}{2}\sum_n M_n(\dot{\boldsymbol{X}} + \dot{\boldsymbol{\xi}}^{(n)})^2 \\ &= \frac{1}{2}\sum_n M_n\{\dot{\boldsymbol{X}}^2 + 2\dot{\boldsymbol{X}}\cdot\dot{\boldsymbol{\xi}}^{(n)} + (\dot{\boldsymbol{\xi}}^{(n)})^2\} \\ &= \frac{1}{2}M\dot{\boldsymbol{X}}^2 + \frac{1}{2}\sum_n M_n(\dot{\boldsymbol{\xi}}^{(n)})^2 \end{aligned} \tag{4.14}$$

よって，

$$E = \frac{1}{2}M\dot{\boldsymbol{X}}^2 + E^{(\mathrm{spin})} \tag{4.15}$$

ただし，

$$E^{(\mathrm{spin})} := \frac{1}{2}\sum_n M_n(\dot{\boldsymbol{\xi}}^{(n)})^2 \tag{4.16}$$

を得る。(4.14) の最後の等号では，重心の定義 (4.3) から得られる性質

$$\sum_n M_n\boldsymbol{\xi}^{(n)} = \boldsymbol{0} \tag{4.17}$$

を利用した。これは，後に述べる剛体の性質 (4.21)，(4.34)・(4.35) とは異なり，剛体に限らないときでも成り立つ重心の一般的な性質である。(4.15) の右辺第1項の $\frac{1}{2}M\dot{\boldsymbol{X}}^2$ は剛体を点粒子とみなしたときの運動エネルギー，右辺第2項の $E^{(\mathrm{spin})}$ は剛体の重心を中心とする回転運動の運動エネルギー（剛体の回転エネルギー）と解釈することができる。重心の性質 (4.17) によって並進運動の運動エネルギーと回転運動の運動エネルギーが分離することに注目されたい。

2次元剛体の運動エネルギー

2次元空間内の剛体，もしくは，平面運動しか許されない3次元空間の剛体の運動を考えよう。剛体の重心を原点とし，かつ，剛体が静止する2次元回転座標系から剛体を見た場合，剛体各点の位置と速度を，それぞれ，

$$\boldsymbol{\xi}^{(n)} = \xi^{(n)}\mathbf{e}_\xi + \eta^{(n)}\mathbf{e}_\eta \tag{4.18}$$

$$\boldsymbol{v}^{(n)} := \dot{\xi}^{(n)}\mathbf{e}_\xi + \dot{\eta}^{(n)}\mathbf{e}_\eta \tag{4.19}$$

とすると，剛体が静止する座標系なので，

$$\dot{\xi}^{(n)} = \dot{\eta}^{(n)} = 0 \qquad \text{すなわち，} \quad \boldsymbol{v}^{(n)} = \mathbf{0} \tag{4.20}$$

となり，

$$\dot{\boldsymbol{\xi}}^{(n)} = -\omega^* \boldsymbol{\xi}^{(n)} \tag{4.21}$$

が成り立つ。ただし，ω は2次元回転座標系の角速度である。(4.21) は $\boldsymbol{\xi}^{(n)}$ が剛体が静止する座標系であることを反映した性質で，「剛体は変形しない」という剛体特有の性質になる。剛体の性質 (4.21) を利用すると，(4.16) の右辺は，

$$\begin{aligned}\frac{1}{2}\sum_n M_n \big(\dot{\boldsymbol{\xi}}^{(n)}\big)^2 &= \frac{1}{2}\sum_n M_n(-\omega^* \boldsymbol{\xi}^{(n)})^2 \\ &= \frac{1}{2}\sum_n M_n(\boldsymbol{\xi}^{(n)})^2\omega^2 = \frac{1}{2}Z\omega^2\end{aligned} \tag{4.22}$$

よって，

$$E^{(\mathrm{spin})} = \frac{1}{2}Z\omega^2 \tag{4.23}$$

となる。ただし，

$$Z := \sum_n M_n |\boldsymbol{\xi}^{(n)}|^2 \tag{4.24}$$

は「慣性モーメント」とよばれ，物体の運動とは無関係な剛体固有の物理量である。[*5]

4.1.2 項の演習問題

問 1^{B}　剛体の1つの点を任意に選び，それを点Oとすると，剛体の全ての点はこの点Oを中心に回転運動をする。これを示せ。[*6] また，重心を原点とする座標系の点粒子の位置 $\boldsymbol{\xi}^{(n)}$ は重心を中心とする回転運動をすることを示せ。

問 2^{B}　剛体が静止する2次元回転座標系から見ると，剛体各点の速度は (4.20) となり，よって，(4.21) が成り立つ。これを説明せよ。

[*5] 慣性質量のモーメント，または，質量モーメントとよぶ方が力のモーメントや電気双極子モーメント，磁気双極子モーメントなどの用語と整合性がよいのだが，慣性モーメントとよぶ習慣になっている。

[*6] 任意の2点間の距離が不変であるという性質を利用する。

4.1.3 角運動量と慣性モーメント

最後に，剛体の角運動量 $\boldsymbol{L}$ を考えよう。仮定 (1.1) に従えば，剛体は点粒子の集合で，ある限定された時間と空間の中で系になる。したがって，剛体の角運動量は，点粒子の角運動量の総和 (2.190)・(2.191)，すなわち，

$$\boldsymbol{L} = \sum_n \boldsymbol{L}^{(n)} \qquad ただし，\ \boldsymbol{L}^{(n)} = \boldsymbol{x}^{(n)} \times \boldsymbol{p}^{(n)} = M_n \boldsymbol{x}^{(n)} \times \dot{\boldsymbol{x}}^{(n)} \tag{4.25}$$

である。ただし，右の $\boldsymbol{L}^{(n)}$ の式からわかるように，角運動量は，2次元空間ではスカラー，3次元空間ではベクトルになることに注意しよう。[*7] ここで，(4.3) で定義された重心の位置 $\boldsymbol{X}$ を利用し，$\boldsymbol{x}^{(n)}$ の代わりに $\boldsymbol{\xi}^{(n)}$ (4.12) を使って角運動量 (4.25) を書き換えると，

$$\begin{aligned} \boldsymbol{L} &= \sum_n M_n (\boldsymbol{X} + \boldsymbol{\xi}^{(n)}) \times (\dot{\boldsymbol{X}} + \dot{\boldsymbol{\xi}}^{(n)}) \\ &= \sum_n M_n (\boldsymbol{X} \times \dot{\boldsymbol{X}} + \boldsymbol{X} \times \dot{\boldsymbol{\xi}}^{(n)} + \boldsymbol{\xi}^{(n)} \times \dot{\boldsymbol{X}} + \boldsymbol{\xi}^{(n)} \times \dot{\boldsymbol{\xi}}^{(n)}) \\ &= M \boldsymbol{X} \times \dot{\boldsymbol{X}} + \sum_n M_n \boldsymbol{\xi}^{(n)} \times \dot{\boldsymbol{\xi}}^{(n)} \end{aligned} \tag{4.26}$$

よって，

$$\boldsymbol{L} = \boldsymbol{X} \times \boldsymbol{P} + \boldsymbol{L}^{(\mathrm{spin})} \tag{4.27}$$

ただし，

$$\boldsymbol{L}^{(\mathrm{spin})} := \sum_n M_n \boldsymbol{\xi}^{(n)} \times \dot{\boldsymbol{\xi}}^{(n)} \tag{4.28}$$

を得る。(4.26) の最後の等号では，重心の性質 (4.17) を利用した。(4.27) の右辺第1項の $\boldsymbol{X} \times \boldsymbol{P}$ は剛体を点粒子とみなしたときの運動の角運動量（剛体の軌道角運動量），右辺第2項の $\boldsymbol{L}^{(\mathrm{spin})}$ は剛体の重心を中心とする回転運動の角運動量（剛体のスピン）と解釈することができる。運動エネルギーと同様，重心の性質 (4.17) によって並進運動の角運動量と回転運動の角運動量が分離することに注目されたい。

[*7] 2つのベクトルの外積は，2次元空間ではスカラー，3次元空間ではベクトルになる。

2次元剛体の角運動量

2次元空間内の剛体，もしくは，平面運動しか許されない3次元空間の剛体の運動を考えよう。剛体の重心を原点とし，かつ，剛体が静止する2次元回転座標系から剛体を見た場合，剛体の性質 (4.21) を利用すると，(4.28) の右辺は，

$$\begin{aligned}\sum_n M_n \boldsymbol{\xi}^{(n)} \times \dot{\boldsymbol{\xi}}^{(n)} &= \sum_n M_n \boldsymbol{\xi}^{(n)} \times (-\omega\, {}^{*}\boldsymbol{\xi}^{(n)}) \\ &= \sum_n M_n (\boldsymbol{\xi}^{(n)})^2 \omega \;=\; Z\omega \qquad (4.29)\end{aligned}$$

よって，

$$L^{(\mathrm{spin})} = Z\omega \qquad (4.30)$$

となる。ただし，Z は慣性モーメント (4.24) である。

4.1.3項の演習問題

問 1[B]　重心の役割を，運動量とエネルギーと角運動量の観点からそれぞれ説明せよ。

4.1.4　いろいろな剛体の慣性モーメント

本項では，いろいろな形の剛体の慣性モーメントについて考えよう。

2次元剛体の慣性モーメント

2次元空間内の剛体，もしくは，平面運動しか許されない3次元空間の剛体の運動を考えよう。2次元剛体の慣性モーメント Z (4.24) は非負の実数である。

ところで，剛体の重心を原点とし，剛体が静止する2次元回転座標系 (ξ, η) の定義には，重心を中心とする2次元空間回転 $\boldsymbol{\xi}^{(n)} \mapsto \boldsymbol{\xi}^{(n)\prime} := \mathbb{P}\cdot\boldsymbol{\xi}^{(n)}$ が自由にできるという曖昧さが存在するが，Z はこの空間回転の下で不変になっており，よって，曖昧さが存在しない。しかも，$\boldsymbol{\xi}^{(n)}$ の時間依存性は (4.20) であるから，(4.24) の時間変化は零，すなわち，$\dot{Z} = 0$ である。したがって，Z は，剛体の形と質量の密度分布にのみ依存する剛体固有の実数になる。

4.1.4項の演習問題

問 1^{B} 質量Mの長さlの棒，半径Rの輪，半径Rの円盤の慣性モーメントを求めよ。ただし，質量の密度分布は均一とする。

問 2^{B} 半径R_0の部分が同心円でくり抜かれた質量Mの半径Rの円盤の慣性モーメントを求めよ。ただし，質量の密度分布は均一とする。

問 3^{B} 前問で得られた結果を利用し，質量Mの半径Rの輪，円盤，それぞれの慣性モーメントを求めよ。

問 4^{B} 2次元の慣性モーメント (4.24) が剛体固有の物理量であることを示せ。

4.1.5 不動点を持つ運動の運動エネルギーと角運動量

本項では，不動点を持つ運動を考えよう。不動点とは，時間発展の下で位置を変えない剛体中の点である。不動点の数は1つとは限らず，不動点がただ1点になるような運動もあれば，無限個の不動点が直線上に並ぶ運動もある。[*8] このような不動点を持つ運動を記述するために，不動点の1つを原点とした剛体が静止する回転座標系を利用しよう。この場合の運動では，原点は任意ではなく指定されているので，原点から見たときの重心の位置$\boldsymbol{X}$もこの意味で指定されていることに注意されたい。

2次元剛体の不動点を持つ運動と運動エネルギー･角運動量

2次元空間内の剛体，もしくは，平面運動しか許されない3次元空間の剛体の運動を考えよう。不動点を中心とする2次元回転座標系から静止する剛体を見た場合，剛体各点の位置$\boldsymbol{\xi}^{(n)}$の (4.18) から (4.21) に至る議論と同様にして，不動点の1つを原点としたときの剛体各点の位置と速度を，それぞれ，

$$\boldsymbol{x}^{(n)} = x^{(n)}\mathbf{e}_\xi + y^{(n)}\mathbf{e}_\eta \tag{4.31}$$

$$\boldsymbol{v}^{(n)} := \dot{x}^{(n)}\mathbf{e}_\xi + \dot{y}^{(n)}\mathbf{e}_\eta \tag{4.32}$$

とすると，剛体が静止する座標系なので，

$$\dot{x}^{(n)} = \dot{y}^{(n)} = 0 \qquad \text{すなわち，} \quad \boldsymbol{v}^{(n)} = \mathbf{0} \tag{4.33}$$

となり，

$$\dot{\boldsymbol{x}}^{(n)} = -\omega\,{}^*\boldsymbol{x}^{(n)} \tag{4.34}$$

[*8] 不動点が直線上に並ぶ例は，不動点の集合を軸とする回転運動である。

が成り立つ。これと (4.3) を合わせれば，

$$\dot{\boldsymbol{X}} \;=\; -\,\omega\,{}^{*}\boldsymbol{X} \tag{4.35}$$

が成り立つ。$\dot{\boldsymbol{\xi}}^{(n)}$ だけでなく，$\dot{\boldsymbol{x}}^{(n)}$ や $\dot{\boldsymbol{X}}$ についても同じ式が成り立ち，「剛体は変形しない」という剛体特有の性質になる。

一般的な運動では $\boldsymbol{\xi}^{(n)}$ だけが式 (4.21) を満たしていたが，不動点を持つ運動では $\boldsymbol{x}^{(n)}$ も同じ式 (4.34) を満たすため，$\boldsymbol{x}^{(n)}$ についても (4.22) や (4.29) と同じ計算ができて，[*9] 運動エネルギー (4.11) は，

$$E \;=\; \frac{1}{2}Z^{(\mathrm{gen})}(\boldsymbol{X})\,\omega^2 \tag{4.36}$$

角運動量 (4.25) は，

$$L \;=\; Z^{(\mathrm{gen})}(\boldsymbol{X})\,\omega \tag{4.37}$$

となる。ただし，$Z^{(\mathrm{gen})}(\boldsymbol{X})$ は慣性モーメント Z (4.24) を一般化した慣性モーメントで，定義は

$$Z^{(\mathrm{gen})}(\boldsymbol{X}) \;:=\; \sum_n M_n(\boldsymbol{x}^{(n)})^2 \;=\; \sum_n M_n(\boldsymbol{X}+\boldsymbol{\xi}^{(n)})^2 \tag{4.38}$$

である。(4.38) は，(4.7) を含む段落の中で説明したように，1 個の物体を数個の物体に分離すると，個々の物体の慣性モーメント $Z_a^{(\mathrm{gen})}(\boldsymbol{X}^{(a)})$ の和，つまり，

$$Z^{(\mathrm{gen})}(\boldsymbol{X}) \;=\; \sum_a Z_a^{(\mathrm{gen})}(\boldsymbol{X}^{(a)}) \tag{4.39}$$

となる。[*10] 一方，慣性モーメント Z (4.24) はこの性質を持たず，(4.39) は慣性モーメント Z を一般化したことで現れる長所の 1 つである。[*11] 慣性モーメント Z は，(4.24) において重心の性質 (4.17) を満たす $\boldsymbol{\xi}^{(n)}$ を使って定義された物理量である。一方，一般化された慣性モーメント $Z^{(\mathrm{gen})}(\boldsymbol{X})$ (4.38) は，(4.24) の $\boldsymbol{\xi}^{(n)}$ を $\boldsymbol{X}+\boldsymbol{\xi}^{(n)}$ へ変更することで $\boldsymbol{\xi}^{(n)}$ に課せられていた条件 (4.17) を実質的に外すが，その代わりに，不動点を原点とする重心の位置 $\boldsymbol{X}$ に依存する。[*12]

---

*9 (4.22) や (4.29) において，$\boldsymbol{\xi}^{(n)}$ を $\boldsymbol{x}^{(n)}$ に置き換えた計算である。

*10 $Z^{(\mathrm{gen})}(\boldsymbol{X})$, $Z_a^{(\mathrm{gen})}(\boldsymbol{X}^{(a)})$ の $\boldsymbol{X}$, $\boldsymbol{X}^{(a)}$ を囲む括弧は関数 $f(x)$ の括弧と同じ使い方である。

*11 この性質を利用した問いについては，本項の問 1, 2 を参照せよ。

*12 慣性モーメント Z が物体固有の物理量であったのに対し，一般化された慣性モーメント $Z^{(\mathrm{gen})}(\boldsymbol{X})$ は不動点を原点とする重心の位置 $\boldsymbol{X}$ に依存する物理量になる。

一般化された慣性モーメント $Z^{(\mathrm{gen})}(\boldsymbol{X})$ (4.38) は，重心の性質 (4.17) を利用すると，

$$Z^{(\mathrm{gen})}(\boldsymbol{X}) = M\boldsymbol{X}^2 + Z \tag{4.40}$$

となり，慣性モーメント Z (4.24) との関係を与える。[*13] (4.40) は「平行軸の定理」とよばれる。特に，$Z^{(\mathrm{gen})}(\mathbf{0}) = Z$ である。

4.1.5 項の演習問題

問 1[B] 性質 (4.39) を利用し，4.1.4 項問 2 の同心円の円盤がくり抜かれた円盤の慣性モーメントを求めよ。

問 2[B] 質量 M の半径 R の半円盤の慣性モーメントを求めよ。[*14] ただし，質量の密度分布は均一とする。

4.2 剛体の運動方程式

本節では，剛体の運動方程式を考えよう。本節でも前節と同様，剛体の数は1つとするが，複数個のときも同様である。

4.2.1 Newton の運動方程式と Euler の運動方程式

剛体は並進運動と回転運動の 2 種類の運動を持つ。本節では，剛体の並進運動と回転運動に関する運動方程式を求める。

Newton の運動方程式

並進運動に関する運動方程式，すなわち，Newton の運動方程式 (2.98) を剛体について考えよう。運動方程式 (2.98) の和は，

$$\dot{\boldsymbol{P}} = \boldsymbol{F} \qquad \text{ただし，} \quad \boldsymbol{F} = \sum_n \boldsymbol{F}^{(n)} \tag{4.41}$$

[*13] ただし，$\boldsymbol{X}$ は不動点を原点としたときの重心の位置であることに注意されたい。したがって，(4.40) に現れる $\boldsymbol{X}^2$ は，不動点と重心の距離の 2 乗である。

[*14] 4.1.1 項問 4 の結果と 4.1.4 項問 1 の結果を利用する。

となる。$\boldsymbol{F}$ は剛体に働く力の総和である。したがって，(2.75) に対応する形として，

$$M\ddot{\boldsymbol{X}} = \boldsymbol{F} \tag{4.42}$$

を得る。このように Newton の運動方程式の観点から見ても，剛体は点粒子のように振る舞うことがわかる。

Euler の運動方程式

回転運動に関する運動方程式 (2.194) を剛体について考えよう。運動方程式 (2.194) の和は，

$$\dot{\boldsymbol{L}} = \boldsymbol{N} \qquad \text{ただし，} \quad \boldsymbol{N} = \sum_n \boldsymbol{N}^{(n)} = \sum_n \boldsymbol{x}^{(n)} \times \boldsymbol{F}^{(n)} \tag{4.43}$$

となる。$\boldsymbol{N}$ は剛体に働く力のモーメントの総和である。これを $\boldsymbol{\xi}^{(n)}$ (4.12) を使って表すと，

$$\begin{aligned} \boldsymbol{N} &= \sum_n (\boldsymbol{X} + \boldsymbol{\xi}^{(n)}) \times \boldsymbol{F}^{(n)} \\ &= \boldsymbol{X} \times \boldsymbol{F} + \boldsymbol{N}^{(\mathrm{spin})} \end{aligned} \tag{4.44}$$

ただし，

$$\boldsymbol{N}^{(\mathrm{spin})} := \sum_n \boldsymbol{\xi}^{(n)} \times \boldsymbol{F}^{(n)} \tag{4.45}$$

となる。(4.44) の最終式において，第1項 $\boldsymbol{X} \times \boldsymbol{F}$ は剛体を点粒子とみなしたときに働く力のモーメント，第2項 $\boldsymbol{N}^{(\mathrm{spin})}$ は重心の回りで剛体を回転させる力のモーメントと解釈することができる。運動方程式 (4.43) は，(4.27) と (4.44) を代入し，(4.4) と (4.41) を利用すると，剛体を点粒子とみなしたときの項は相殺され，

$$\dot{\boldsymbol{L}}^{(\mathrm{spin})} = \boldsymbol{N}^{(\mathrm{spin})} \tag{4.46}$$

という簡潔な形となる。

2次元剛体の Euler の運動方程式

2次元空間内の剛体，もしくは，平面運動しか許されない3次元空間の剛体の運動を考えよう。運動方程式 (4.46) は，2次元空間ではスカラーなので，

$$\dot{L}^{(\mathrm{spin})} = N^{(\mathrm{spin})} \tag{4.47}$$

となる。ここに (4.30) を代入すると，(4.47) は，

$$Z\dot{\omega} = N^{(\mathrm{spin})} \tag{4.48}$$

となる。

4.2.1項の演習問題

問 1^{B} **【単振り子】** 2.2.1項問5において，振り子の糸を曲がることのない硬い材質に変える。以下の条件を満たす単振り子の運動方程式，および，振り子の支点に働く抗力を求めよ。

a) 硬い材質がピアノ線のような質量の無視できる材質の場合。

b) a)の単振り子において，さらに質量 M' の点粒子を振り子の支点から l' $[l' < l]$ だけ離れた位置に取り付けた場合。[*15]

c) 硬い材質が質量の無視できない材質の場合。ただし，おもりと硬い材質を一体として見たときの慣性モーメントは Z で，振り子の支点から a だけ離れた位置に質量 M の重心があるとする。

問 2^{A} **【ヨーヨー】** ヨーヨーの質量を M，慣性モーメントを Z，糸を巻き取る軸の半径を R とする。一様重力場の中でヨーヨーを力を加えずに落下させたとき，ヨーヨーが x だけ落下したときの落下の加速度，および，糸の張力を求めよ。

問 3^{B} 長さ l の棒を，端を中心に角速度 ω で回転させる。棒の質量は M，慣性モーメントは Z で，棒の質量密度分布は一様ではなく，回転軸から a だけ離れた位置に重心がある。回転軸から b だけ離れた位置に棒と垂直な向きに回転とは反対の方向から瞬間的な力，いわゆる，衝撃を与えたとき，この衝撃が回転軸に伝わらない条件を求めよ。

問 4^{B} 一様重力場中に水平な床がある。この床の上に質量 M，慣性モーメント Z，半径 R の球を転がす。球の重心は球の中心にある。これについて以下の問いに答えよ。

a) 静止した球のある一点を水平方向に突くと，どんな強さで突いても，球は滑らずに転がる。この打点の高さを求めよ。また，この打点が求めた点より高いとき，低いとき，どのようなことが起きるか簡単に述べよ。

b) 時刻 $t = 0$ の瞬間，球は，速度 v $[v > 0]$，角速度 ω であった。（$\omega < 0$ ならば，球が逆向きに回転していることを意味する。）ただし，球と床の間の動

---

*15 新しく付けたおもりの位置は $\boldsymbol{x}' = l'\mathbf{e}_r$ である。

摩擦係数を μ_k とする。また，転がり摩擦は無視できるものとする。この球はその後，どのような運動をするか調べよ。

c) 同じ球を2つ用意し，1つは静止した状態で床の上に置く。そして，もう1つは b)のような回転を与え，静止した球に正面衝突させる。衝突したときの時刻を $t=0$，衝突直前の球の速度を $v\ [v>0]$，角速度 ω とし，2つの球のその後の運動を調べよ。ただし，反発係数[*16]を $e=1$ とする。また，2つの球が接触するときの摩擦力は無視できるものとする。

問 5[B] 質量 M，慣性モーメント Z，半径 R の球が反発係数 e で壁に衝突して跳ね返る。[*17] 球の重心は球の中心にある。ただし，球の運動は2次元平面内とし，球の回転軸は2次元平面の法線方向とする。この球の運動を調べよ。また，接触面が滑らずに衝突する条件を求めよ。ただし，球と壁の間の最大静止摩擦係数を μ_s，動摩擦係数を $\mu_\mathrm{k}\ [\mu_\mathrm{k}<\mu_\mathrm{s}]$ とする。

4.2.2　剛体の位置エネルギー

剛体の位置エネルギー V は位置 $\boldsymbol{X}$，および，φ，θ，ψ などの角度の関数だが，前項で行った計算と同様に剛体を点粒子の集合と考える立場から，位置エネルギーと力の関係を調べてみよう。

剛体は点粒子の集合と考えるので，剛体の位置エネルギーは系の位置エネルギーと等しく，$V(\boldsymbol{x}^{(1)},\boldsymbol{x}^{(2)},\ldots;t)$ と考えられる。しかし，剛体を構成する点粒子の位置 $\boldsymbol{x}^{(n)}\ [n=1, 2, \ldots]$ には，$V(\boldsymbol{x}^{(1)},\boldsymbol{x}^{(2)},\ldots;t)$ のような表現は適切な表現とは言えない。そこで，位置の微小変化に対する位置エネルギーの微小変化を調べよう。(4.13) と (4.41) を利用すると，

$$
\begin{aligned}
&\mathrm{d}V(\boldsymbol{x}^{(1)},\boldsymbol{x}^{(2)},\ldots;t)\\
&= \sum_n \mathrm{d}\boldsymbol{x}^{(n)}\cdot\boldsymbol{\nabla}^{(n)}V(\boldsymbol{x}^{(1)},\boldsymbol{x}^{(2)},\ldots;t) + \mathrm{d}t\,\frac{\partial}{\partial t}V(\boldsymbol{x}^{(1)},\boldsymbol{x}^{(2)},\ldots;t)\\
&= -\,\mathrm{d}\boldsymbol{X}\cdot\boldsymbol{F}(\boldsymbol{x}^{(1)},\boldsymbol{x}^{(2)},\ldots;t) - \sum_n \mathrm{d}\boldsymbol{\xi}^{(n)}\cdot\boldsymbol{F}^{(n)}(\boldsymbol{x}^{(1)},\boldsymbol{x}^{(2)},\ldots;t)
\end{aligned}
$$

*16「反発係数」e の定義は次の通り。「跳ね返り係数」ともいう。

$$
e := -\frac{\text{衝突後の（衝突面に垂直方向の）相対速度}}{\text{衝突前の（衝突面に垂直方向の）相対速度}} \tag{4.49}
$$

*17 衝突の瞬間に接触面が滑る場合と滑らない場合に場合分けする。

$$+\,\mathrm{d}t\,\frac{\partial V(\boldsymbol{x}^{(1)},\boldsymbol{x}^{(2)},\ldots;t)}{\partial t} \tag{4.50}$$

となる。最終式の第1項は剛体を点粒子とみなしたときの位置エネルギー変化で，第2項は剛体特有の位置エネルギー変化，第3項は時間変化に対する位置エネルギー変化である。

2次元剛体の位置エネルギー

2次元空間内の剛体，もしくは，平面運動しか許されない3次元空間の剛体の運動を考えよう。この運動の角度と角速度の関係は

$$\mathrm{d}\varphi \;=\; \omega\,\mathrm{d}t \tag{4.51}$$

である。これを利用すると，剛体の性質 (4.21) は

$$\mathrm{d}\boldsymbol{\xi}^{(n)} \;=\; -\,\mathrm{d}\varphi\,{}^{*}\boldsymbol{\xi}^{(n)} \tag{4.52}$$

と書き換えられる。この結果と (4.45) を利用すると，位置エネルギーの微小変化 (4.50) は,

$$\mathrm{d}V \;=\; -\,\mathrm{d}\boldsymbol{X}\cdot\boldsymbol{F} \;-\; \mathrm{d}\varphi\,N^{(\mathrm{spin})} \;+\; \mathrm{d}t\,\frac{\partial V}{\partial t} \tag{4.53}$$

となって，$V(\boldsymbol{x}^{(1)},\boldsymbol{x}^{(2)},\ldots;t)$ であった位置エネルギー V の変数は，剛体の位置を表す $\boldsymbol{X}$, φ, t だけになる。

(4.53) より，剛体の位置エネルギー $V(\boldsymbol{X},\varphi;t)$ と力 $\boldsymbol{F}$ の関係は,

$$\boldsymbol{F} \;=\; -\,\frac{\partial V(\boldsymbol{X},\varphi;t)}{\partial \boldsymbol{X}} \tag{4.54}$$

である。また，同じく (4.53) より，剛体の位置エネルギー $V(\boldsymbol{X},\varphi;t)$ と力のモーメント $N^{(\mathrm{spin})}$ の関係は,

$$N^{(\mathrm{spin})} \;=\; -\,\frac{\partial V(\boldsymbol{X},\varphi;t)}{\partial \varphi} \tag{4.55}$$

である。

4.2.2 項の演習問題

問 1^{A} 一様重力場中に水平な床があり，この床の上に高さ h $[h<R]$ の段差がある。そして，この床の上に質量 M，慣性モーメント Z，半径 R の球を転がす。

球の重心は球の中心にある。床の上を速度vで滑らずに転がる球がこの段差に衝突するとき，球が段差の淵に接触しながら段差を登るための条件を求めよ。ただし，球と段差の淵の間の摩擦は十分大きく，球は段差の淵で滑ることはない。

4.2.3　不動点を持つ運動の運動方程式と位置エネルギー

不動点を持つ運動は，不動点の回りの回転運動だけが許される運動なので，Newtonの運動方程式に相当する運動方程式は存在せず，回転の運動方程式は，当然ながら，一般的な運動で成り立つ運動方程式と同じく (4.43) である。[*18] また，同じ理由で，剛体に働く力のモーメントも (4.44) である。

2次元剛体の不動点を持つ運動と運動方程式･位置エネルギー

2次元空間内の剛体，もしくは，平面運動しか許されない3次元空間の剛体の運動を考えよう。不動点を持つ運動では，(4.34) や (4.35) が成り立つため，(4.43) を2次元回転座標系の成分で表すことが意味を持ち，(4.47) と同様にすると，

$$\dot{L} = N \tag{4.56}$$

となる。さらに，(4.37) を代入すると，(4.56) は，

$$Z^{(\mathrm{gen})}(\boldsymbol{X})\,\dot{\omega} = N \tag{4.57}$$

となる。(4.57) は (4.48) に相当する式である。

位置エネルギーについては，(4.35) を利用すると，(4.53) は，

$$\mathrm{d}V = -\,\mathrm{d}\varphi N + \mathrm{d}t\,\frac{\partial V}{\partial t} \tag{4.58}$$

となる。これより，(4.55) に相当する式

$$N = -\,\frac{\partial V(\varphi;t)}{\partial \varphi} \tag{4.59}$$

を得る。

[*18] (4.43) は一般的な回転運動で成り立つ運動方程式なので，不動点を持つ特殊な運動の運動方程式も (4.43) となる。

索引

本書は 2020 年 1 月に BookWay より発行された
書籍を大幅に加筆・修正したものです。

古典力学　力学の基礎（第 2 版）

2021年 4 月 1 日　初版発行

著　者　綿引芳之

発行所　学術研究出版
〒670-0933　兵庫県姫路市平野町62
TEL. 079(222)5372　FAX. 079(244)1482
https://arpub.jp

印刷所　小野高速印刷株式会社

ISBN978-4-910415-27-7